U0313261

# 国际气候变化与我国环境质量的影响研究

王芳 著

南開大學出版社
天 津

**图书在版编目(CIP)数据**

国际气候变化与我国环境质量的影响研究 / 王芳著.
— 天津 : 南开大学出版社, 2019.8
ISBN 978-7-310-05875-4

Ⅰ. ①国… Ⅱ. ①王… Ⅲ. ①气候变化 - 研究 - 世界
②环境质量 - 研究 - 中国 Ⅳ. ①P467②X821.209

中国版本图书馆 CIP 数据核字(2019)第 179765 号



南开大学出版社出版发行
出版人:陈敬
地址:天津市南开区卫津路 94 号　　邮政编码:300071
营销部电话:(022)23508339　23500755
营销部传真:(022)23508542　　邮购部电话:(022)23502200
*
天津泰宇印务有限公司印刷
全国各地新华书店经销
*
2019 年 8 月第 1 版　　2019 年 8 月第 1 次印刷
210×148 毫米　32 开本　8.875 印张　2 插页　206 千字
定价:30.00 元

如遇图书印装质量问题,请与本社营销部联系调换,电话:(022)23507125

# 目　　录

# 第一章　前言

2009 年,《联合国气候变化框架公约》第十五届缔约方会议在哥本哈根召开。在此期间,网络上流传着一篇文章——《两分钟给你讲清楚哥本哈根大会到底是咋回事》——极为形象地反映了各国应对全球气候变化的合作现状。抄录如下:

如果 100 多人在漏水的船上讨价还价谁该往外多舀水,那是明摆着的愚蠢,事实上没有人会这么干,连船上最自私的人都会拿出大公无私的精神拼命地往外舀水。

但事情若是再复杂些,就会有新的现象出现了。如果船上的人算计一下,在这条船沉没前,他们有足够的时间安全抵达港口,危险属于下一船乘客。此时,有很多人就会停下来安静地欣赏海景了。哪怕这条船在抵达港口前会沉没一部分,比如灌满一个叫“马尔代夫”的船舱,其他舱室的人基本上都会无动于衷。

更复杂的情形是,如果这艘船超重,需要乘客们把携带到船上的金银细软抛下船,争吵就来了。穷人们说,富人钱多经得起糟蹋你先扔,至少得再扔 40%。富人则说,你们穷人那堆破烂儿又沉又不值钱,你们先扔。穷人们说,我们扔也可以,但你们富人得拿出年收入的 0.5%～1% 补偿给我们,还得教会我们发财致富的秘诀。富人们说,别那么贪心,白给你们 100 块可以考虑,多了别想,你们救的又不是我们,是你们自己。

穷人们说,我们坐这船才几天,你们富人坐好几年了,生生把新船坐成破船,现在多出点儿补偿是天经地义的。富人们说,以前谁知道这船是会坐破的,再说,如果不是我们富人发明了船,你们今天能坐上船出海看西洋景吗?还有,今天这船要沉了也是我们发现的,要不你们被淹了还不知道是怎么回事呢。

争吵没完没了,眼见船漏得越来越厉害。于是船客们聚到"京都"船舱,通过了一份协议书,要求富人们赶紧扔东西,穷人可以暂时不扔。全船最富有的富翁说,天下哪有这道理,我不跟你们玩了。穷人们说,你一家载的行李最重,负担就占了全船的1/5,你不扔谁扔?富翁说,我的东西是最重,但也最值钱,我的行李占全船1/3价值,才占了不到1/5重量,凭什么让我扔?你们看看那个壮汉,他的行李也占了全船1/5重量,可它的价值连1/20都不到,就该让他多扔!

争吵就这样持续着,拿出"谁多扔谁少扔"方案的可能性很渺茫。几乎所有的船客们都派代表郑重地聚集在名为"哥本哈根"的船舱里,最终得到一个共识:"我们都发现并且承认,这船在漏水,而且是会沉的。"

这篇通俗的文章清晰地向我们展示了人类社会在应对全球环境问题时的困境。当前,日益严重的各类全球环境问题使人类社会面临着前所未有的风险和危机,而气候变化则是当今人类面临的全球性环境问题之一。由于其独特的属性(国际性与代际性),国际气候变化问题的解决只能通过自愿性的国际多边谈判,以国家之间博弈的方法缔结国际环境协议(International Environmental Agreement,简称 IEA)等来解决。从《联合国气候变化框架公约》到巴黎会议,多边环境协议的解决仍然不能脱离机制设计的基本原则——激励相容约束,即通过惩罚或奖赏来改变行为主体的收益函数,自发行动仍是最优选择。目前,发达国家占据了国际环境谈判的主导地位,导致在缔结国际环境协议的过程中过多地强调了技术层面上的减排额度,而较少讨论排放、减排的经济成因和经济社会影响。这也表明,有关国际环境合作相关问题缺乏有现实针对性的经济理论基础研究,也缺乏一个国际社会普遍认同的、公平的环境责任分担准则,理论上和方案中都缺乏对协议达成博弈均衡条件的考量。从我国的角度来看,根据“共同而有区别的责任”原则,应积极参与国际环境合作,但要依据历史和现实责任、发展权利等来公平合理地分担,不能超出合理责任;根据“国际合作中大国起关键作用”原则,中国作为经济和政治大国,理应在其中发挥关键性作用;根据“只有博弈均衡才是可实施的策略”原则,在推动达成协议过程中,应积极推动可达成博弈均衡的方案。而这些问题尚缺乏切合现实的理论研究和可量化判断选择的对策研究。因此,正如历年气候谈判大会表现出的那样,碳排放配额如何分配,减排成本如何分担,取决于国际气候博弈中各种力量博弈和均衡的结果,但如何通过谈判形成一个多方利益均衡而有效的减排机制,仍是当前考验人类智慧的重大难题。

国外学者从国际机制视角探讨了应对气候变化国际机制的含义、框架和要素,对该机制形成中的挑战等问题进行了大量有益的探索,并在理论和实证研究中探讨了国际环境责任分担的标准与方法。拜茨(1979)、波格(1989)从罗尔斯公平理论出发提出了国际环境领域的公平原则。奥兰·杨(1989)从国际机制理论层面对全球环境治理的有效性以及各个方面的环境治理进行了分析。露丝等(1998)研究了不同碳排放权分配方法下世界主要各国的减排成本问题。德特勒夫(2000)对当前国际气候变化制度的有效性研究进行了总结。博塞洛等(2003)利用动态博弈理论和RICE模型实证检验了三种不同的基于公平原则的责任分担标准对"协议联盟"营利性和稳定性的影响。瓦斯泰因(2006)则从国际规则中的"软法"和"硬法"着手,分析了各国遵守气候变化国际制度的不同做法。巴尔奇等(2000)、拉文德拉纳特等(2002)学者分别从宏观和微观角度对发展中国家如何纳入气候变化国际机制进行了研究。埃勒曼等(1998)、巴拜克等(1998)利用EPPA模型强调发展中国家也应当承担减排责任,并认为全球的碳排放权交易有利于降低世界减排成本。诺德豪斯(2006)则认为让所有国家都承担减排责任是不合理的,碳排放权交易由于涉及基期排放水平、排放权分配等争议问题而不利于国际气候保护,并主张实施协调一致的碳税并以人均收入等指标来确定国家参与减排的门槛。

国内的学者也在全球气候协议、我国在相关国际组织中的作用等方面进行了深入的研究。王伟中等(2002)、何建坤等(2004)认为"共同但有区别的责任"是国际环境法中的基本原则,中国等发展中国家不应当承担同发达国家一样的责任,但在具体实践中可承诺碳排放强度的下降。庄贵阳、陈迎(2005)对国际气候制度从形成到发展的全过程进行了比较系统和全面的总结。潘家华、陈迎(2009)在辨析"碳公平"含义的基础上讨论了各国现实排放趋势,以及如何在碳预算约束下满足其基本需求。崔大鹏(2003)运用博弈论的基本方法研究了国际气候合作的理论框架,分析了影响国际气候谈判进程的主要因素。于宏源(2006,2009)就国际气候制度的本质、国际环境合作的开展、全球环境基金与中国国内政策协调、中国的战略选择等问题进行了较为深入的分析。王铮等(2006,2007,2008)在实证研究中改进了RICE模型,加入了技术进步和国内生产总值(GDP)溢出问题的考虑。丁仲礼等(2009)则利用定量数据论证了碳排放权分配应当以“人均累积碳排放指标”为基本原则。

就现有的国内外相关研究来看,西方主流研究更多从发达国家的立场出发,而对发展中国家的合理主张较少关注;仅从技术层面的成本收益分析和理论上的效率目标角度讨论并主张采用市场化手段解决环境责任问题,而较少从达成可执行的国际合作协议的现实性角度出发讨论环境问题国家间的博弈均衡性。同时,“共同但有区别的责任原则”虽已得到了普遍认同,但在经济理论和可操作的指标方面并没有在“符合各国公平发展利益、促进国际环境有效合作、激励并约束环境影响行为”的原则下深入研究,未能形成公认的国际环境责任分担原则的理论基础和分担标准的量化方法。应借鉴并拓展现有的相关研究,加入更切合现实的因素,得出更具实用价值的结论。

客观地说,由于在资金、技术方面所具有的优势,发达国家在气候变化问题上占有比较大的主导权,已经形成了系统的环境和气候变化战略并付诸实施。中国作为一个经济迅速增长的发展中国家,也是全球温室气体排放的第一大国,在实现我国经济腾飞的过程中也积累了一些深层次的环境问题,在应对国际气候变化和解决国内环境问题等领域面临着比发达国家更严峻的挑战。因此,如何对气候变化国际机制采取必要的应对措施、如何在全球的气候变化博弈中维护自身的利益是关系我国国际地位和国家利益的重大课题。与此同时,面临国内生态环境恶化,人民由求温饱转变为求生态,如何在转变经济发展方式、实现两个一百年奋斗目标的过程中进一步推进生态文明建设,满足人民日益增长的优美生态环境的需要,也是当前我国亟待解决的重大民生与政治问题。

当前,我国已经初步形成了应对气候变化的国家战略和谈判方案,改善了国内环境质量,开展了一系列卓有成效的工作。但我们必须清醒地看到,我国对国际气候变化应对机制的研究还很薄弱,国内环境规制强度的提高所带来的一些经济社会方面的负面影响仍然存在,可以说应对国际气候谈判和解决国内环境问题的全面且有实践价值的对策仍十分欠缺。本书旨在总结国际间关于气候变化谈判的规律和经验,对当前国际气候变化谈判中的主要利益方进行全面分析,这有助于我们掌握世界气候变化博弈格局的演变趋势,并为中国在国际气候变化谈判中的策略选择提供有力的理论支持,力争使我国在国际气候博弈中取得更大的主动权。同时,对国内环境问题的产生因素进行经验分析,用计量经济学方法梳理环境规制对经济社会的影响,这也可以更好地促进我国环境质量改善,并由此带动我国的科技创新和集约型经济增长,对实现经济发展方式的转变具有重大的现实意义。

本书包括六个部分:第一章介绍本书的研究背景;第二章梳理全球气候变化的现状与趋势,分析造成全球气候变化的成因以及人类应对全球气候变化的可行途径;第三章分析总结人类为减缓气候变化所做的努力,重点介绍全球气候变化谈判大会取得的重要成果;第四章从全球、全国、区域以及地区的角度,分析了影响温室气体排放的宏观和微观因素,以期找到不同层次减缓天气变暖的有效路径;第五章分析我国环境质量现状,实证研究影响环境质量的人口、经济及社会因素,并计量分析为改善环境质量而进行的环境规制所产生的经济社会影响,以期找到促进环境质量提高与经济社会发展的双赢路径;第六章在前文的基础上,提出适合我国国情的应对措施与政策建议。

# 第二章　国际气候变化趋势

目前，对国际气候变化进行科学研究以及探寻人类可能采取的有效应对措施的权威组织是由联合国环境规划署（UNEP）和世界气象组织（WMO）于1988年创建的联合国政府间气候变化专门委员会（Intergovernmental Panel on Climate Change，简称IPCC）。

IPCC旨在向世界提供一个清晰的关于当前气候变化及其潜在环境和社会经济影响认知状况的科学观点。它是一个科学机构，负责评审和评估全世界产生的有关认知气候变化方面的最新科学技术和社会经济文献。同时，作为一个政府间机构，它对联合国和WMO的所有成员国开放，并每年至少召开一次全会，由各国政府代表出席，就IPCC主要的工作计划做出决定。

IPCC汇集了来自世界各地的数千名科学家，组成了三个工作组和一个专题组：第一工作组负责气候变化的自然科学基础研究，第二工作组负责气候变化的影响、适应和脆弱性研究，第三工作组负责减缓气候变化的研究，国家温室气候清单专题组的主要目标是制定与细化国家温室气体排放和清除的计算及报告方法。

由于其科学性质和政府间性质，IPCC有机会为各国决策者提供严格和均衡的科学信息以及该领域最权威和客观的科学技术评估，从1990年IPCC发表第一次全球气候变化评估报告以来，一系列的IPCC评估报告、特别报告、技术报告、方法学报和其他产品已成为标准参考书目。

本章将从 IPCC 观测数据（主要来自第五次评估报告第一工作小组报告[①]、第二工作小组报告[②]以及综合报告[③]）中有关全球表面平均气温、海平面、冰冻圈、大气以及海洋等方面的变化，梳理全球气候变化的现状与趋势，并介绍科学家从不同角度对造成全球气候变化原因的分析，以及人类应对全球气候变化的可行途径。

## 第一节　地球发生了什么

### 1. 气温

2016 年 5 月被称为有史以来最热的月份。据美国航空航天局（NASA）及美国国家海洋和大气管理局（NOAA）的观测数据显示，2016 年 5 月全球平均气温为 15.67℃，较 20 世纪平均值高 0.87℃，是 1880 年有记录以来最热的 5 月，连续 13 个月刷新纪录，是史上为期最长的高温天气。

事实上，进入 21 世纪以来，人类已屡屡遭遇破纪录的高温：

2003 年 8 月 7 日夜间，德国打破了百年最高气温纪录；8 月 10 日，英国伦敦的温度达 38.1℃，破了 1990 年的纪录；巴黎南部晚上测得最低温度为 25.5℃，破了 1873 年以来的纪录；8 月

---

① IPCC 第五次评估报告第一工作组.《气候变化 2013：自然科学基础》决策者摘要[R].瑞士：日内瓦，2013.

② IPCC 第五次评估报告第二工作组.《气候变化 2014：影响、适应和脆弱性》决策者摘要[R].瑞士：日内瓦，2014.

③ IPCC.《气候变化 2014：综合报告》决策者摘要[R].瑞士：日内瓦，2015.

11 日，瑞士格罗诺镇温度达 41.5℃，破了当地 139 年来的纪录。

2004 年 7 月，广州的罕见高温打破了 53 年来的纪录。

2005 年 7 月，美国有 200 座城市都创下了历史性高温纪录。

2006 年 7 月 8 日，中国台湾宜兰温度高达 38.8℃，破了 1997 年的纪录；11 月 11 日是中国香港整个 11 月最热的一日，最高气温高达 29.2℃，比 1961 年至 1990 年的平均最高温 26.1℃还要高。

2007 年 8 月 16 日，日本埼玉县熊谷市温度高达 40.9℃，破了 1933 年日本山形市的纪录。

2010 年 7 月 6 日，美国纽约最高气温达 39℃，打破了 1999 年创造的当日最高气温 38℃的纪录；7 月 17 日，俄罗斯莫斯科的市内气温达到 33℃，创下了近 72 年来同日最高气温纪录；北欧芬兰遭遇了 75 年以来的最高温度，达到创历史纪录的 34.2℃。

2014 年，世界气象组织、美国国家海洋和大气管理局与美国航空航天局、中国国家气候中心的数据均显示当年全球气温创新高，成为 1880 年有记录以来最火热的一年。

2016 年 1 月 20 日，美国航空航天局、美国国家海洋和大气管理局以及英国的《新科学家》周刊均证实，2015 年是史上最热的一年，远远突破了 2014 年的高温纪录。然而 2015 年“称霸”的日子不会太长，因为接下来的 2016 年很可能要比前一年更热。

全球平均表面温度的变化如图 2.1 所示。

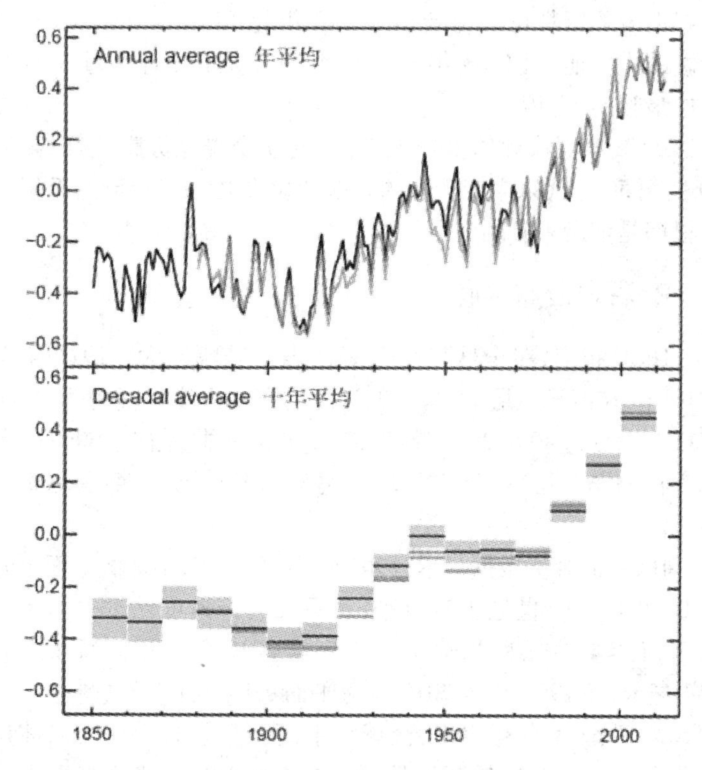


**图 2.1　全球平均表面温度的变化**

注：上图为年平均表面温度，下图为十年平均表面温度。

数据来源：分别为哈得莱中心和英国东安格利亚大学气候研究小组、美国国家海洋及大气管理局、美国航空航天局戈达德空间研究所，灰色阴影是 HadCRUT4 给出的不确定性。

根据 IPCC 的观测数据显示，全球平均气温在 1880 年至 2012 年大约升高了 0.85℃，而在 1956 年至 2005 年的 50 年间，每 10 年上升了 0.13℃，升幅是过去 100 年的两倍。由世界气象组织汇编的资料可以肯定,自 1850 年起,2001 年至 2010 年是最暖的十年期,而 1983 年至 2012 年可能是北半球在过去 1400 年中最暖的 30 年。

IPCC 第五次评估报告中指出,气候变暖是毋庸置疑的,自 20 世纪 50 年代以来观测到的许多变化在几十年乃至上千年时间里都是前所未有的。

## 2. 海洋及海平面

IPCC 指出,在全球尺度上海洋表层升幅最大。1971 年至 2010 年,在海洋上层 75 米以上深度的海水温度升幅为每 10 年 0.11℃。在这 40 年间,气候系统增加的净能量中有 60% 以上储存在海洋上层(0 至 700 米),另有大约 30% 储存在 700 米以下。

IPCC 的观测数据显示,1901 年到 2010 年,全球海平面上升了 0.19 米。19 世纪中叶以来,海平面上升速度比过去两千年要高,而且还在不断加速。1901 年至 2010 年海平面每年上升 1.7 毫米,而 1993 年至 2010 年海平面每年上升 3.2 毫米。

20 世纪 70 年代以来,全球海平面上升量的 75% 是由冰川融化和海水受热后体积膨胀带来的(每年约导致海平面上升 2.8 毫米)。受全球气候变暖、极地冰川融化、上层海水受热膨胀等影响,全球海平面将持续升高。

2015 年 8 月 26 日,美国航空航天局发布最新预测称,全球气候变暖将导致未来 100 年至 200 年海平面上升至少 1 米,这已经无法避免。

根据我国国家海洋局发布的《2015 年中国海平面公报》,从 1980 年到 2015 年,我国沿海海平面上升速度达每年 3.0 毫米,远高于全球平均水平。2015 年我国沿海海平面较常年高 90 毫米,较 2014 年低 21 毫米,为 1980 年以来的第四高位。2006 年至 2015 年,中国沿海平均海平面较 1996 年至 2005 年和 1986 年至 1995 年分别高 32 毫米和 66 毫米,为近 30 年来最高的 10 年。全国平均海平面变化如图 2.2 所示。

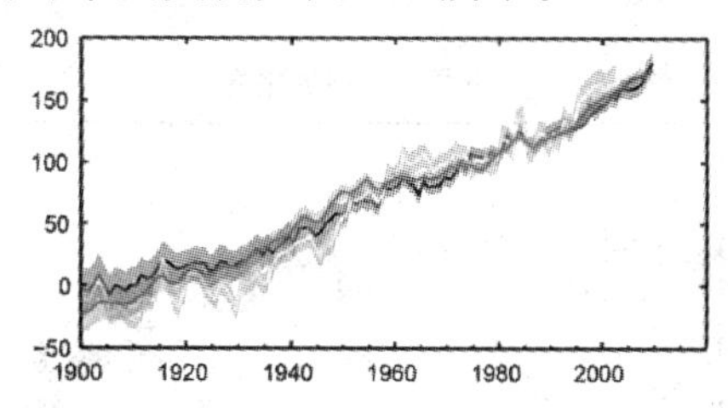


**图 2.2 全球平均海平面变化**

数据来源:IPCC 第五次评估报告(相对于最长观测数据的 1900—1905 年的平均值,阴影部分为不确定范围)。

同时,受地面沉降等因素影响,相对海平面的上升将会加剧。《中国地下水资源与环境调查》显示,在长江三角洲地区,最近 30 余年累计沉降超过 200 毫米的面积近 1 万平方公里,占这一区域总面积的 1/3。

### 3. 降水

与全球普遍的平均气温上升所不同的是,长期数据分析显示不同地区的降水趋势差异很大。1901 年以来,北半球中纬度陆地区域平均降水增加,北美洲和欧洲的强降水事件频率与强度均明显增加。

### 4. 冰冻圈

过去 20 年以来，格陵兰冰盖和南极冰盖的冰量一直在损失，全球范围内的冰川几乎都在继续退缩，北极海冰和北半球春季积雪范围在继续缩小。如图 2.3 所示。

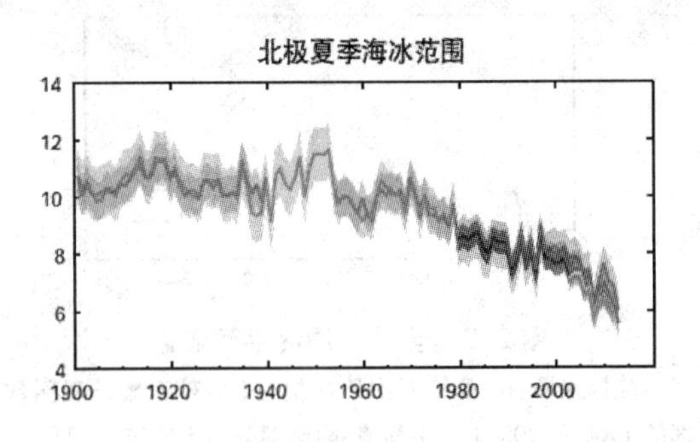


**图 2.3 北极夏季海冰范围**

数据来源：IPCC 第五次评估报告（北极 7 月至 9 月平均海冰范围）。

1971 年至 2009 年，全世界冰川的冰量损失平均速率为每年 226 Gt，且这一速率正在进一步增长。1993 年至 2009 年增至每年 275 Gt。其中，格陵兰冰盖的冰量损失速率增长更为明显，已从 1992 年至 2001 年的每年 34 Gt 增至 2002 年至 2011 年的每年 215 Gt。这一时期，南极冰盖的冰量损失也从每年 30 Gt 增至 147 Gt。

北极的海冰范围也在 1979 年至 2012 年逐年缩小，缩小速率达到每 10 年3.5%～4.1%（约为 45 万～51 万平方公里），夏季甚至高达每 10 年缩小 9.4%～13.6%（约为 73 万～107 万平方公里）。同一时期，南极海冰范围缩小的速率约为每 10 年

1.2%～1.8%（13万～20万平方公里）。

自20世纪80年代初以来，大多数地区多年冻土温度已显著升高，在阿拉斯加北部升温达到3℃（20世纪80年代早期至21世纪00年代中期），俄罗斯北部达到2℃（1971年至2010年）。同时，北极地区自20世纪中叶以来也出现了增暖明显的现象。

## 5. 温室气体

自1750年以来，由于人类活动，大气中二氧化碳（$CO_2$）、甲烷（$CH_4$）和氧化亚氮（$N_2O$）等温室气体的浓度均已增加。2011年，上述温室气体浓度依次为391 ppm、1803 ppb和324 ppb，[①]分别超过工业化前水平的40%、150%和20%。

在2002年至2011年期间，因化石燃料燃烧和水泥生产造成的二氧化碳年平均排放量为每年8.3 GtC[②]，2011年是9.5 GtC，比1990年水平高出54%。2002年至2011年，因人为土地利用变化产生的$CO_2$年净排放量平均为每年0.9 GtC。

从1750年至2011年，因化石燃料燃烧和水泥生产释放到大气中的$CO_2$排放量为375 GtC，因毁林和其他土地利用变化产生的排放量估计为180 GtC。这使得人为$CO_2$排放累积量为555 GtC。

在这些人为$CO_2$排放累积量中，已有240 GtC累积在大气

① ppm（百万分之一）或ppb（十亿分之一）是温室气体分子数与干燥空气的分子总数之比。例如，300 ppm是指干燥空气的每百万个分子中有300个某一温室气体分子。

② 1 GtC＝10亿吨碳＝$10^{15}$克碳，相当于3.667 Gt $CO_2$。

中，有 155 GtC 被海洋吸收，而自然陆地生态系统累积了 160 GtC。

海洋酸化可用 pH 值的下降来度量[①]。自工业化时代以来，海表水的 pH 值已经下降了 0.1，相当于氢离子浓度增加了26%。

大气中二氧化碳浓度变化如图 2.4 所示。

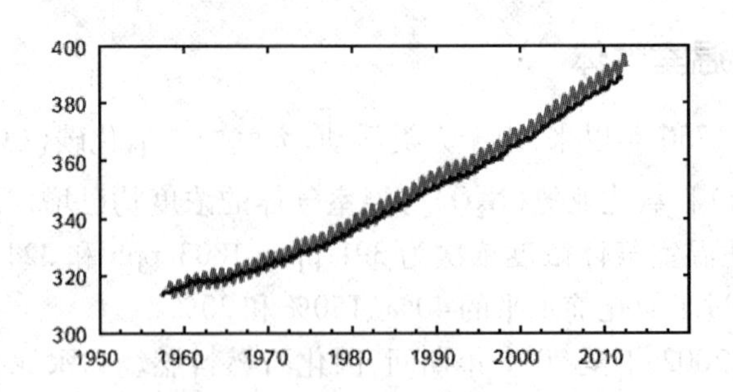


**图 2.4 大气中二氧化碳浓度变化趋势图**

数据来源：IPCC 第五次评估报告（从 1958 年起在莫纳罗亚和南极观测到的大气二氧化碳浓度）。

## 6. 极端天气事件

进入 21 世纪以来，世界各地极端天气事件频繁发生。

2011 年 1 月，巴西遭受有史以来最严重的自然灾害，洪灾和泥石流共造成八百多人死亡、三百多人下落不明，更有上万人无家可归。澳大利亚东部和东南部遭遇罕见洪水，受灾面积是

① pH 值是使用对数标度来衡量酸度的指标，pH 值下降 1 个单位对应氢离子浓度或酸度增加 10 倍。

法国和德国面积的总和，影响了数十万人生活。中国南方五省(市)遭遇寒潮冰雪灾害，共造成383.3万人受灾，农作物受灾面积1424平方千米。

2011年4月，美国共遭遇了875个龙卷风的袭击，共造成369人丧生。瑞士南部发生严重大火，这一年瑞士发生了150年来最严重的干旱。哥伦比亚遭遇洪水，强降雨在过去12个月持续肆虐，造成二百多万人受灾。

2011年5月，美国密苏里州乔普林市遭受龙卷风袭击，造成上百人死亡，这也是美国国家气象局有记录以来单次致死人数最多的一次龙卷风。

2011年6月，美国亚利桑那州发生历史上第二大火灾，野火蔓延面积近333平方千米。

2011年7月，韩国全国范围连降暴雨，造成62人死亡、9人失踪，超过1.6万人无家可归。

2011年8月，非洲之角遭遇60年一遇的大旱，仅索马里就有三百多万人需要紧急人道主义援助。飓风“艾琳”在美国北卡罗来纳州登陆，美国历史上第一次因自然灾害进行了约230万居民的大规模疏散行动。

2011年9月，强台风“塔拉斯”给日本造成严重灾害，造成20多人死亡、40多人失踪。

2011年10月，泰国发生半个世纪以来最严重的洪灾，从7月底开始持续三个多月的洪灾造成泰国全国900多万人受灾。

2012年1月，北极涛动导致寒潮侵袭各国：中国北方地区出现零下40℃的极端低温天气事件，意大利遭遇27年来最冷的一个冬天，乌克兰一周内冻死多人，日本北部持续数周的暴雪引发了雪崩。

2012 年 3 月，欧洲和美国阿拉斯加遭受到创纪录的暴风雪袭击，记录显示该月全球平均温度比 1999 年以来任何一年 3 月的平均温度都要低。

2012 年 5 月，广东遭百年一遇暴雨袭击，数百万人受灾。

2012 年 6 月，孟加拉国洪水及山体滑坡致上百人遇难、5 万人受灾。乌干达发生特大山体滑坡致 18 人丧生、450 人失踪。

2012 年 7 月，美国东部持续高温，多项温度纪录被刷新，同时持续干旱使粮食大面积减产。北京遭遇 61 年来最强暴雨，致 70 多人遇难。12 级龙卷风袭击青岛，造成直接经济损失近 2000 万元。日本九州地区遭遇强降雨后发生河水泛滥、塌方，造成 20 多万人受灾。印度暴雨引发洪水，200 余万人转移。朝鲜暴雨引发山洪致 88 人死亡。

2013 年 1 月，印度北部寒冷天气导致上百人死亡，孟加拉国出现了该国近 45 年来的最低温度。

2014 年 1 月上旬，美国本土近 2/3 的地区遭遇 20 年不遇的严寒，多个地区刷新最低气温历史纪录。中国黑龙江省漠河市最低温度降至零下 42.4℃，北极村降至零下 42.9℃，内蒙古出现零下 46.1℃的极寒天气。

2016 年 6 月 23 日，中国江苏省盐城市阜宁县遭遇强冰雹和龙卷风双重灾害，造成上百人死亡、近千人受伤。

IPCC 第五次评估报告指出，干旱、洪涝、高温热浪和低温冷害等全球极端天气事件频发。观测记录显示，自 1950 年以来，极端最低气温的出现频率有所下降，但极端最高气温的出现频率有所上升。20 世纪下半叶，北半球中高纬地区强降雨事件的出现频率可能上升了 2%～4%；而在亚洲和非洲的一些地区，近几十年来干旱与洪涝的发生频率提高、强度加大。

# 第二节　全球气候变化趋势

## 1. 气温

21 世纪末全球表面温度变化可能超过 1.5℃（相对于 1850 年至 1900 年平均值），北极地区变暖速度将高于全球平均，陆地平均变暖速度将高于海洋。2100 年之后仍将持续变暖，且随着全球平均温度上升，大部分陆地区域的极端高温事件将增多。

## 2. 海洋及海平面

21 世纪全球海洋将持续变暖，热量将从海面输送到深海，并影响海洋环流。到 21 世纪末，上层 100 米的海洋将升温 0.6℃～2.0℃，1000 米深的海洋变暖幅度约为 0.3℃～0.6℃。

全球海平面也将持续上升，2081 年至 2100 年将上升 0.26～0.82 米（与 1986 年至 2005 年相比），2100 年底全球平均海平面将上升 0.52～0.98 米。

IPCC 同时预测，2100 年后全球平均气温每升高 1℃，海平面上升将超过 2 米。

## 3. 降水

到 21 世纪末，高纬度地区和赤道太平洋年平均降水将增加，而中纬度地区和副热带干旱地区平均降水将减少，湿润的热带地区的极端降水事件很可能强度加大、频率提高。

### 4. 冰冻圈

随着全球平均表面温度上升,21 世纪末北极海冰覆盖将继续缩小,每年 9 月份减少的范围将达到43% ~94% ,每年 2 月份减少的范围达到8% ~34%。北半球春季积雪将减少7% ~25% ,全球冰川体积将进一步减少15% ~85% ,地表(上层 3. 5 米)多年冻土范围均值将减少37% ~81% 。

### 5. 温室气体

气候变化将通过大气中二氧化碳的增多来影响碳循环过程,海洋对碳的进一步吸引将加剧海洋的酸化。

2012 年至 2100 年,大气中二氧化碳浓度相对应的累积碳排放量将达到 140 GtC 至 1910 GtC。而储存碳的多年冻土融化,释放到大气中的二氧化碳或甲烷将达到 50 GtC 至 250 GtC。

### 6. 气候变化

从长至数百年乃至上千年的时间来看,由碳排放导致的人为气候变化是不可逆转的,即使将人为碳排放完全清除,地球表面温度仍会在多个世纪基本维持在较高水平上。目前已经排放的二氧化碳中仍将有15% ~40% 可以在大气中保持千年以上。

而全球平均海平面在 21 世纪末之后仍将持续上升,因受热海水体积膨胀造成的海平面上升还将持续数个世纪。到 2300 年,全球平均海平面(相对于工业化前)的上升幅度将会达到 1 米至 3 米。

# 第三节　全球暖化对人类的影响

## 1. 气温升高

气温的显著升高，引起全球范围内冰川的持续退缩，显著影响冰川下游的径流和水资源，造成高纬度地区和高海拔地区的多年冻土层变暖和融化。

地表温度的上升，将改变全球生态系统，影响物种的分布、迁徙、繁衍及活动，甚至引发物种的灭绝。

现有的研究发现，气温上升虽然可以促进高纬度地区的农作物增收，但从全球来看，气候变化将导致农作物歉收，引发粮食短缺。

全球暖化还将改变流行疾病的传播方式，引发对人类健康的威胁。

## 2. 海平面上升

2015年6月17日，上海北部地区出现特大暴雨，恰逢天文大潮，河道泄洪能力没能经得住考验，城区出现严重内涝，海平面上升正是那次内涝的助推因素之一。中国科学院院士秦大河表示，随着海平面上升，海水顶托作用加强，导致城市排水能力下降，内涝风险明显加大。同时，海平面上升还会抬高风暴潮的增水水位，增加沿海城市风暴潮灾害的发生频率和破坏强度；盐水入侵也将随着海平面上升而加剧，导致河口水质变坏，影响沿海地区居民的生活用水和工农业用水。

海平面上升是一种缓发性灾害，其长期累积会造成海岸侵蚀、咸潮、海水入侵与土壤盐渍化等灾害加剧，沿岸防潮排涝基础设施功能降低，高海平面期间发生的风暴潮致灾程度加剧。据中国国土资源部公布的《2014 中国国土资源公报》显示，最近 100 年，全球海平面上升了100～200 毫米，并持续加速上升。海平面上升对沿海地区生态系统有重大影响。

### 3. 极端天气事件频发

与极端天气事件（如热浪、强降雨和海岸洪水）相关的气候变化风险凸显。气温每升高 1℃，风险都会加大，和某些极端事件相关的风险（如极度炎热）也随着气候变暖而逐步加大。

全球气候变暖将使部分人面临死亡威胁，由于技术和财力方面的应对能力有限，那些最贫穷的国家受到的影响将最为严重。在非洲，酷热将使登革热、霍乱、疟疾等疾病蔓延，造成更多人死亡。IPCC 预测，到 2080 年全球平均气温将升高2～4℃，届时将有 11 亿至 32 亿人的饮水可能遇到问题，2 亿至 6 亿人将面临饥饿威胁，每年沿海地区 2 亿至 7 亿居民将可能遭受洪涝灾害。

### 4. 物种灭亡，生态系统遭受威胁

权威研究报告指出，一些生态系统和文化已经受到了气候变化带来的风险，如果气温升高 1℃，受到威胁的系统数量会增加；气温升高 2℃，北冰洋海冰和珊瑚礁相关的系统会受到威胁；气温升高 3℃，大规模的生物多样性将会遭受严重损失。

随着气候变暖，一些物理系统和生态系统会受到突发的甚至是不可逆的变化带来的风险。有迹象表明，温水珊瑚礁和北极生态系统已经经历了不可逆的体系变化。由于冰盖损耗可能

引发不可逆的海平面上升,对于0.5～3.5℃的某种临界以上持续升温,将会在1000年或者更长时间内使格陵兰冰盖全部消失,最终导致全球平均海平面上升7米。

## 第四节 全球气候变化的成因

根据IPCC于2014年发表的第五次全球气候评估报告显示,气候变暖已经是毫无争议的事实,人类活动对化石能源的大量使用所产生的碳排放是导致全球气候变化的重要原因。专家们预测到2100年,全球平均气温将升高1.8℃至4℃,海平面将升高18厘米至59厘米,而造成这一趋势的原因有90%可能是人类活动。专家们还指出,从1750年开始,空气中二氧化碳、甲烷以及氮氧化物的含量一直以惊人的速度增加,目前已经远远超过工业革命前的水平。二氧化碳的增加主要是人类使用化石燃料所致,而甲烷和氮氧化物的增加主要是由于人类的农业生产活动所致。温室气体的继续排放将会造成进一步增暖,并导致气候系统所有组成部分发生变化。

专家们指出,有必要立即采取包括改变能源消耗结构、减少对化石燃料的依赖、开发可再生和清洁能源、推动使用环保型公共交通设施、推广节能型办公和家用设备、改善土地利用管理等在内的各项措施,使未来全球温室气体排放控制在一个稳定的水平上,避免对人类生存环境、社会、经济等各领域产生严重的负面影响。但要实现这一点,经济上必定要付出一定代价。目前,全球温室气体浓度为379 ppm,假设能够在2030年将温室气体浓度峰值控制在445 ppm至710 ppm,全球国内生产总值(GDP)最高可能损失3%,如果尽快采取减缓措施,那么对GDP

的影响不大。但若现有的减缓气候变化政策和措施不加以改进,全球温室气体排放量在未来几十年内仍将继续增加。

IPCC 指出:气候系统的变暖已经是“明确的”事实,已经在全球大气和海洋平均温度上升等观测结果中得到明显体现。如果不采取行动,人类活动导致的气候变化可能带来一些“突然的和不可逆的”影响。

# 第三章　人类应对全球气候变化的努力

全球气候变化正严重影响着人类社会，为了应对日趋严峻的全球气候暖化，人类早在一百多年前就开始思考应对之策。1853 年，布鲁塞尔召开了国际间首次正式合作的国际气象大会，会上成立了国际气象组织。1972 年联合国人类环境会议明确了二氧化碳是影响气候变化的重要因子。1988 年联合国环境规划署与世界气象组织共同创建了联合国政府间气候变化专门委员会（简称 IPCC），主要负责与全球气候有关的科学信息处理、环境经济社会影响评价及应对策略拟订。1992 年，联合国里约环境与发展大会上通过了《联合国气候变化框架公约》（下称《公约》），并于 1994 年 3 月 21 日第 50 个国家批准加入后生效。自 1995 年开始，每年召开一次《公约》缔约方会议，以期联合世界各国的力量共同应对气候变化。

《公约》的第二条明文规定："本公约以及缔约方会议可能通过的任何相关法律文书的最终目标是，根据本公约的各项有关规定，将大气中温室气体的浓度稳定在防止气候系统受到威胁的人为干扰的水平上。这一水平应当在足以使生态系统能够自然地适应气候变化、确保粮食生产免受威胁并使经济发展能够可持续进行的时间范围内实现。"

《公约》确立了应对气候变化的国际准则，即"共同但有区别的责任"。参与国达成了以下共识：无论从历史还是现在来看，发达国家都是主要的温室气体排放责任者，发展中国家的排放控制应与其社会发展水平相适应。因此,《公约》不但明确了发达国家有强制承担减排温室气体的义务,同时还负有向发展中国家提供其适应气候变化所需的资金与技术的责任。可以说《公约》是人类历史上缔结的最为重要的契约之一,它不仅是世界上第一个全面控制温室气体排放、应对全球气候变化及给人类社会带来一系列不利影响的国际公约,同时也是团结世界各国共同应对全球危机的基本框架。

自《公约》生效以来,每一年的缔约方会议都受到世界各国的普遍关注,其中最为重要的是 1997 年在日本京都召开的第三次缔约方会议与 2015 年在法国巴黎召开的第二十一次缔约方会议。本章将重点介绍这两次会议的主要内容与取得的成果。在此之前,鉴于 IPCC 对于国际气候谈判的重要影响,第一节将首先介绍 IPCC 及其发表的全球气候评估报告内容。

## 第一节 IPCC

### 1. IPCC 简介

联合国政府间气候变化专门委员会(简称 IPCC)成立于 1988 年,由世界气象组织(WMO)和联合国环境规划署(UNEP)联合建立,由来自世界各国的 2500 余名科学家组成。由于它兼具了科学性与强大的政治影响力,是目前研究全球气候变化最为权威的机构。

由于全球气候的显著变化以及由此产生的一系列负面影响引起了世界各国的普遍关注,科学界认为全球性的气候变化会造成严重的或不可逆转的破坏风险,而缺乏充分的科学确定性不应成为人类推迟为此采取行动的借口。与此同时,经济全球化进一步加剧了气候变化所带来的外部影响,全球环境问题治理需要世界各国共同为之努力,但各国决策者们需要有关气候变化成因、潜在环境和社会经济影响以及可能的对策等客观信息来源才能采取合适的行动。因此,IPCC 这样一个由各国科学家共同组成的专家机构能够在全球范围内为决策层以及其他科研等领域提供与之相关的科学依据和数据。IPCC 的作用是在全面、客观、公开和透明的基础上,对世界上有关全球气候变化的现有最好的科学、技术和社会经济信息进行评估。

目前 IPCC 下设三个工作组和一个专题组:第一工作组负责评估气候系统和气候变化的科学问题。第一工作小组是关于科学基础的,它负责从科学层面评估气候系统及变化,即报告对气候变化的现有知识,如气候变化如何发生、以什么速度发生。第二工作组负责评估社会经济体系和自然系统对气候变化的影响、气候变化正负两方面的后果与适应气候变化的选择方案。第二工作小组是关于影响、脆弱性、适应性的,它负责评估气候变化对社会经济以及天然生态的损害程度、气候变化的负面及正面影响和适应变化的方法,即气候变化对人类和环境的影响,以及如何可以减少这些影响。第三工作组负责评估限制温室气候排放并减缓气候变化的选择方案。第三工作小组是关于减缓气候变化的,它负责评估限制温室气体排放或减缓气候变化的可能性,即研究如何可停止导致气候变化的人为因素,或是如何减慢气候变化。专题组是国家温室气体清单专题组,负责 IPCC“国家温室气体清单”计划。

IPCC 向联合国环境规划署和世界气象组织所有成员国开放。在大约每年一次的委员会全会上,就它的结构、原则、程序和工作计划做出决定，并选举主席和主席团。全会使用 6 种联合国官方语言。每个工作组（专题组）设两名联合主席，分别来自发展中国家和发达国家，其下设一个技术支持组。

IPCC 的主要成果包括评估报告、特别报告、方法报告和技术报告。每份评估报告都包括决策者摘要，摘要反映了对主题的最新认识，并以非专业人士易于理解的方式编写。评估报告提供有关气候变化及其成因、可能产生的影响与有关对策的全面的科学、技术和社会经济信息。截至 2019 年 6 月，IPCC 共发表了五次评估报告。

1990 年，发表第一次评估报告。报告确认了对有关气候变化问题的科学基础。它促使联合国大会做出制定《联合国气候变化框架公约》（下称《公约》）的决定。《公约》于 1994 年 3 月生效。

1995 年，发表第二次评估报告，并提交给了《公约》第二次缔约方大会，并为《联合国气候变化框架公约的京都议定书》谈判做出了贡献。

2001 年，发表第三次评估报告。报告包括三个工作组的有关“科学基础”“影响、适应性和脆弱性”和“减缓”的报告，以及侧重于与政策有关的各种科学与技术问题的综合报告。

2007 年，发表第四次评估报告。由于气候变化的明显表现，该报告在世界范围内引起极大反响。

2014 年，发表第五次评估报告，其综合报告指出人类对气候系统的影响是明确的，而且这种影响在不断增强，在世界各个大洲都已观测到种种影响。如果任其发展，气候变化将会增强对人类与生态系统造成严重、普遍和不可逆转影响的可能性。然而，当前有适应气候变化的办法，而实施严格的减缓活动可确保将气候变化的影响保持在可管理的范围内,从而创造更美好、更可持续的未来。

## 2. IPCC 对国际气候谈判的影响

莫斯[1](1995)曾总结 IPCC 对国际气候谈判的三大作用:一是随着国际气候谈判进程的变迁,IPCC 一直保持了科学与政治的紧密关系,通过交换信息提供了塑造政策的有效机制;二是 IPCC 在多学科交叉研究的基础上对气候变化在科学上的不确定性进行了描述;三是在编写评估报告时,IPCC 广泛地吸纳了来自科学界诸多学科领域的知识,从而保证有效的知识能够促进政策的变化。

潘家华[2](2002)提出,IPCC 的科学评估已经成为一种国际政治安排,说明科学对国际政治决策的重要性,也表明各国政府对科学的依赖和利用。他认为中国也应参与到 IPCC 之中,否则中国的利益在科学评估中将得不到反映,国际气候谈判和协定条款很可能对中国不利。因而,他向国内学者们呼吁加强有关 IPCC 对国际气候谈判影响的研究。

---

① Richard H. Moss. The IPCC: Policy Relevant(Not Driven) Scientific Assessment[J]. Global Evnironmental Change, 1995(5):171 - 174.

② 潘家华. 国家利益的科学论争与国际政治妥协——联合国政府间气候变化专门委员会《关于减缓气候变化社会经济分析评估报告》述评[J]. 世界经济与政治,2002(2):56 - 60.

张晓华[①](2014)、高云[②](2009)等讨论了IPCC的科学信息在国际气候谈判决策过程中的作用,他们认为气候变化的国际合作需要建立在全面综合的科学研究成果的基础之上,然后经过国际政治过程得以实现。这其中,IPCC的作用主要体现在:(1)IPCC能使人们正确认识气候变化的不确定性和人类认知的局限性。IPCC历次评估报告反映出了科学上的不确定性,而一些结论不确定的范围对谈判的影响可能是决定性的。(2)有助于在气候变化中综合考量科学、技术、社会和经济因素。自然科学是基础,减缓气候变化则需要社会、经济、环境、国家安全之间的密切协调。(3)IPCC报告倡导,应对气候变化需要科学基础上的公平与共赢。

董亮等[③](2014)则从认知共同体理论出发,探讨了IPCC对国际气候谈判的影响:(1)IPCC是气候变化政策合法性的来源。IPCC的科学性赋予了评估报告合法性,这种由科学知识塑造的合法性,是产生国际气候谈判规范与原则的最高来源,不仅直接支撑气候谈判,而且决定谈判的内容。(2)IPCC定期报告的累积效应是气候变化议程设置的动力。在国际气候谈判的互动中,IPCC的定期报告有利于促进国际政策变迁,通过科学话

---

① 张晓华,高云,祁悦,傅莎.IPCC第五次评估报告第一工作组主要结论对《联合国气候变化框架公约》进程的影响分析[J].气候变化研究进展,2014(1):14-19.

② 高云,孙颖.IPCC在国际应对气候变化谈判中的地位和作用[C]//王伟光,郑国光.应对气候变化报告(2009):通向哥本哈根.北京:社会科学文献出版社,2009:55-58.

③ 董亮,张海滨.IPCC如何影响国际气候谈判——一种基于认知共同体理论的分析[J].世界经济与政治,2014(8):64-83.

语塑造谈判方的认知变化。同时,作为气候变化领域的科学信息来源,IPCC 的定期报告具有累积效应,其极强的气候变化信息号召力塑造了强大的全球舆论,为推动气候谈判的政策协调创造全球背景,成为全球气候变化议程设置的动力。(3)IPCC 的政治化和机制化是政治与科学互动的结果。一方面,IPCC 与政治权力的关系体现在维持评审中各国政府的参与和审核评估报告之中,在牺牲部分科学性的同时维持了政治影响力;另一方面,在各国政府的气候谈判中,IPCC 的评估报告也充当了辩护立场的工具。各国政府对于评估报告的审核参与,调和了超国家科学权威和主权国家之间根深蒂固的矛盾,维护了 IPCC 作为气候变化议程中的科学合法性来源的地位,避免了科学共识的分化。(4)IPCC 与国际环境非政府组织的联合体现了二者的道德维度。IPCC 通过联合环境非政府组织,形成了间接影响国际气候谈判的渠道,借由非政府组织的权力对国际气候谈判施加压力。而 IPCC 在评估报告中确定"人为因素是导致气候变化的主要原因"这一结论本身带有很强的道德维度,因此与环境非政府组织在国际责任维度上具有强烈的道德共识,环境非政府组织对 IPCC 合法性的极力维护也体现了二者间的休戚相关,也避免了国际气候谈判失去科学指引。

## 3. 第四次评估报告主要内容

(1)观测到的气候变化及其影响

气候系统变暖是毋庸置疑的,目前从全球平均温度和海洋温度升高、大范围积雪和冰融化、全球平均海平面上升的观测中可以看出气候系统变暖是明显的,如图 3.1 所示。

根据全球地表温度观测资料(1850 年至 2006 年),1995—

2006 年为全球温度较高的 11 年，1906—2005 年的温度线性趋势为 0.74℃，这一趋势大于第三次评估报告给出的 1901—2000 年 0.6℃的相应趋势（图 3.1）。1956—2005 年的线性变暖趋势（每 10 年 0.13℃）几乎是 1906—2005 年的两倍。

全球温度普遍升高，北半球较高纬度地区温度升幅较大。在过去的 100 多年中，北极温度升高的速率几乎是全球平均速率的两倍。陆地区域的变暖速率比海洋快。自 1961 年以来的观测表明，全球海洋平均温度升高已延伸到至少 3000 米的深度，海洋正在并且已经吸收气候系统增加热量的 80% 以上。对探空和卫星观测资料所做的新分析表明，对流层中下层温度的升高速率与地表温度记录类似。

海平面上升与温度升高的趋势相一致（图 3.1）。1961 年至 2003 年，全球平均海平面以每年 1.8 毫米的平均速率上升。从 1993 年至 2003 年，全球平均海平面以每年大约 3.1 毫米的速率上升。1993 年至 2003 年，海平面上升的速率加快是否反映了年代际（十年）变率或更长时期的上升趋势，目前尚无清晰的结论。自 1993 年以来，海洋热膨胀对海平面上升的预估贡献率占所预计的各贡献率之和的 57%，而冰川和冰帽的贡献率则大约为 28%，其余的贡献率则归因于极地冰盖。1993 年至 2003 年，在不确定性区间内，上述气候贡献率之和与直接观测到的海平面上升总量一致。

观测到的冰雪面积减少趋势也与变暖趋势一致（图 3.1）。1978 年以来的卫星资料显示，北极年平均海冰面积已经以每 10 年 2.7% 的速率退缩，夏季的海冰退缩率较大，为每 10 年退缩 7.4%。在南北半球，山地冰川和积雪平均面积已呈退缩趋势。自 1900 年以来，北半球季节性冻土最大面积减少了大约 7%，春季冻土面积的减幅高达15%。自20世纪80年代以来,北极多年冻土层上层温度普遍升高3℃。

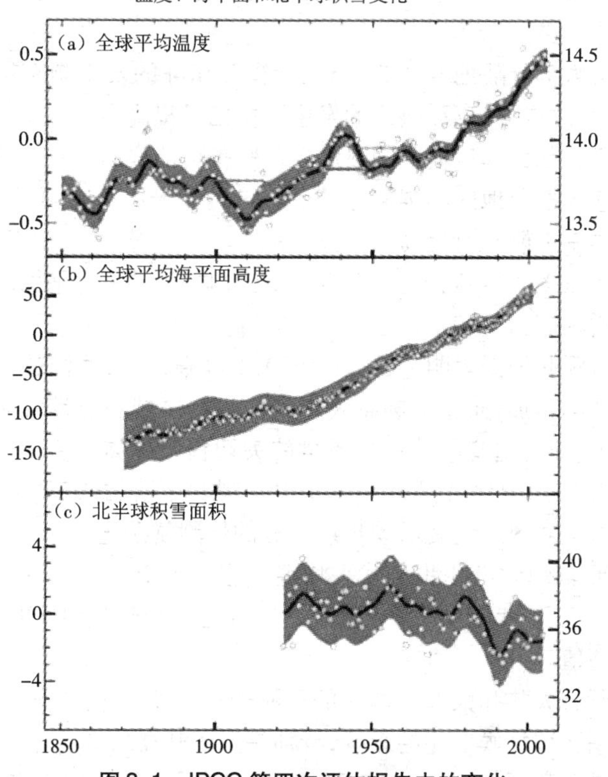


**图3.1　IPCC第四次评估报告中的变化**

在大陆、区域和洋盆尺度上,已观测到气候其他方面的多种长期变化。1900年至2005年,已在许多大区域观测到降水量方面的趋势。在此期间,北美和南美东部、欧洲北部、亚洲北部和中部降水量显著增加,而在萨赫勒、地中海、非洲南部、亚洲南部部分地区降水量减少。自20世纪70年代以来,全球受干旱影响的面积可能已经扩大。

在过去几十年中,某些天气极端事件的频率和强度已发生了变化:

①大部分陆地地区的冷昼、冷夜和霜冻的发生频率很可能减小,而热昼、热夜和热浪的发生频率已经提高。

②大部分陆地地区的热浪发生频率可能提高。

③大部分地区的强降水事件(或强降水占总降雨的比例)发生频率可能有所提高。

④自1975年以来,在全世界范围内的极端高海平面事件可能已增多。

有观测证据表明,大约从1970年以来,北大西洋的强热带气旋活动增加,而且有迹象表明其他一些区域强热带气旋活动也增加,而对这些区域资料质量的关切程度提高。多年代际变率和大约在1970年开始的日常卫星观测之前的热带气旋记录的质量使对热带气旋活动长期趋势的检测复杂化。

20世纪后半叶北半球平均温度很可能高于过去500年中任何一个50年期的平均温度,并且可能至少是过去1300年中的最高值。

所有大陆和大部分海洋的观测数据表明,许多自然系统正在受到区域气候变化的影响,特别是温度升高的影响。

具有高可信度的是,与积雪、冰和冻土(包括多年冻土层)相关的自然系统受到了影响。例如:

①冰川湖泊范围扩大,数量增加。

②在多年冻土区,土地的不稳定状态增加,山区出现岩崩。

③北极和南极部分生态系统发生变化,包括那些海冰生物

群落以及处于食物链高端的食肉类动物的变化。

根据不断增多的证据，具有高可信度的是，水文系统正在受到如下影响：在许多靠冰川和积雪供水的河流中，径流量增加和早春最大流量提前；许多区域的湖泊和河流变暖，同时对热力结构和水质产生影响。

具有很高可信度的是，根据各类物种的更多证据表明，最近的变暖正在对陆地生物系统产生强烈的影响，包括如下的变化：春季特有现象出现时间提前，如树木出叶、鸟类迁徙和产卵；动植物物种的地理分布朝两极和高海拔地区推移。根据 20 世纪 80 年代初以来的卫星观测，具有高可信度的是，在许多区域春季已出现植被“返青”提前的趋势，这与近期变暖而使生长季节延长有关。

具有高可信度的是，根据大量新证据，已观测到的海洋和淡水生物系统的变化与不断升高的水温以及相关的冰盖、盐度、含氧量和环流变化有关。这些变化包括：范围推移以及高纬度海洋中藻类、浮游生物和鱼类的大量繁殖；高纬度和高山湖泊中藻类和浮游动物的大量繁殖；河流中鱼类的活动范围变化和提早洄游。虽然有越来越多的证据表明，气候变化对珊瑚礁产生了影响，但是很难把与气候相关的应力和其他应力（如过度捕鱼和污染）区分开来。

区域气候变化对自然环境和人类环境的其他影响正在凸显，虽然由于适应和非气候驱动因子等原因，许多影响尚难以辨别。

具有中等可信度的文献表明，温度升高对以下人工管理的系统和人类系统的影响增加：

①对北半球较高纬度地区农业和林业管理的影响，例如农作物春播提前，以及由于林火和虫害造成森林干扰体系变更。

②对人类健康的某些方面的影响,例如欧洲与热浪相关的死亡率、某些地区的传染病传播媒介的变化,以及北半球中高纬度地区引起的季节性花粉过敏提早开始并呈增加趋势。

③对北极地区某些人类活动(如冰雪上的狩猎和旅行)的影响,以及对低海拔高山地区的某些人类活动(如山地运动)的影响。

海平面上升和人类发展均正在造成海岸带湿地和红树林的丧失,在许多地区海岸带洪水造成的损失增加。但是,根据已发表的文献,尚无法建立这些影响的趋势。

海洋和陆地的变化提供了更多的证据表明世界正在变暖,其中包括已观测到的积雪和北半球海冰范围缩小、海冰变薄、湖泊和河流结冰期缩短、冰川融化、多年冻土层退缩、土壤温度和冰芯温度廓线升高以及海平面上升。

源于75项研究中超过29000个观测资料序列显示,许多自然系统和生物系统发生了显著的变化,其中超过89%的变化与预计的变化方向一致。

(2)变化的原因

长生命期的温室气体在气候系统辐射强迫中占主导地位,自工业化前时代以来,由于人类活动所产生的全球温室气体排放已经增加,在1970年至2004年期间增加了70%,如图3.2所示。

$CO_2$是最重要的人为温室气体,在1970年至2004年期间,$CO_2$年排放量已经增加了大约80%,从210亿吨增加到380亿吨,在2004年已占到人为温室气体排放总量的77%(图3.2)。

在最近的一个十年期(1995—2004 年),$CO_2$ 当量[①]排放的增加速率(每年 9.2 亿吨 $CO_2$ 当量)比前一个十年期(1970—1994 年)的排放速率(每年 4.3 亿吨 $CO_2$ 当量)高得多。

在 1970 年至 2004 年期间,温室气体排放的最大增幅来自能源供应、交通运输和工业,而住宅建筑和商业建筑、林业(包括毁林)以及农业等行业的温室气体排放则以较低的速率增加。

1970 年至 2004 年期间,全球能源强度下降(-33%)对全球排放的影响小于全球收入增长(77%)和全球人口增长(69%)的综合影响。这两类增长均成为造成与能源相关的 $CO_2$ 排放增加的驱动因子。在 2000 年之后,能源供应的单位 $CO_2$ 排放长期下降的趋势出现了逆转。

各国在人均收入、人均排放和能源强度方面仍存在显著的差异。2004 年,《联合国气候变化框架公约》附件一国家的人口占世界的 20%,按 GDP 等价购买力计算,生产了占世界 GDP 57% 的产值,占全球温室气体排放的 46%。

---

① 由于辐射特性不同,各种温室气体在大气中的生命期长短不一,不同温室气体对全球气候系统产生的变暖影响(辐射强迫)也各不相同。可通过一种以 $CO_2$ 辐射强迫为依据的通用换算方法表示这些变暖影响的程度。$CO_2$ 当量排放是指 $CO_2$ 排放量,在某一特定时间内,该排放量造成了与一种长生命期温室气体或混合温室气体的排放当量按时间积分得出的辐射强迫。在这一特定时间内,某种温室气体排放量乘以全球变暖潜势(GWP)得出 $CO_2$ 当量排放。对于混合温室气体,它是每种气体的 $CO_2$ 当量排放之和。$CO_2$ 当量排放是一种用于比较不同温室气体排放的标准和有用的换算方法,但这并不意味着 $CO_2$ 当量排放具有相同的气候变化响应。$CO_2$ 当量浓度是指 $CO_2$ 的浓度,该浓度会造成与某一特定的 $CO_2$ 混合气体和其他强迫分量等同的辐射强迫。

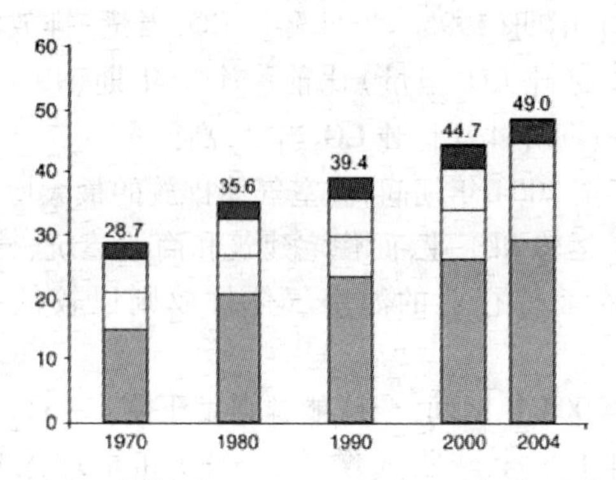


图 3.2 IPCC 第四次评估报告中的全球人为温室气体排放

自1750年以来，由于人类活动，全球大气二氧化碳（$CO_2$）、甲烷（$CH_4$）和氧化亚氮（$N_2O$）浓度明显增加，目前已经远远超出了根据冰芯记录测定的工业化前几千年的浓度值。2005年大气中$CO_2$和$CH_4$的浓度已远远超过了过去65万年的自然范围。全球$CO_2$浓度的增加主要是由于化石燃料的使用，同时土地利用变化为此做出了另一种显著但较小的贡献。很可能已观测到的$CH_4$浓度的增加主要是由于农业和化石燃料的使用。$N_2O$浓度的增加主要是由于农业。

具有很高可信度的是，自1750年以来，人类活动的净影响已成为变暖的原因之一。自20世纪中叶以来，大部分已观测到的全球平均温度的升高很可能是由于观测到的人为温室气体浓度增加所导致的。IPCC第三次评估报告以来的研究进展表明，可辨别的人类活动影响超出了平均温度的范畴，这些影响已扩展到了气候的其他方面，其中包括温度极值和风场。

(3)未来气候变化及其影响

在一系列能源计划(SRES)排放情景下,预估未来20年将以每10年增加大约0.2℃的速率变暖。即使所有温室气体和气溶胶的浓度稳定在2000年的水平不变,预估也会以每10年大约0.1℃的速率进一步变暖。

自1990年IPCC第一次评估报告以来,经评估的预估结果表明,在1990年至2005年期间全球平均温度升幅大约在每10年0.15℃至0.3℃,而观测结果为每10年增加大约0.2℃,二者之比增加了近期预估结果的可信度。

温室气体以当前的或高于当前的速率排放将会在21世纪期间造成温度进一步升高,并会诱发全球气候系统中的许多变化,这些变化很可能大于20世纪中观测到的变化。

目前,在气候变化模拟方面取得的进展能够给出针对不同排放情景下预估变暖的最佳估值及其经可能性评估的不确定性区间。表3.1给出了在6个SRES排放标志情景下(包括气候—碳循环反馈),全球平均地表气温升高的最佳估值及其可能性范围。

**表3.1　21世纪末全球平均地表温度升高和海平面上升预估值**

| 个例 | 与1980—1999年相比,2090—2099年的温度和高度 | | |
|---|---|---|---|
| | 温度变化(单位:℃) | | 海平面上升(单位:米) |
| | 最佳估值 | 可能性范围 | 基于模式的变化范围,不包括未来冰流的快速动力变化 |
| 稳定在2000年的浓度水平 | 0.6 | 0.3～0.9 | 无 |
| B1情景 | 1.8 | 1.1～2.9 | 0.18～0.38 |

续表

| 个例 | 与1980—1999年相比，2090—2099年的温度和高度 | | |
|---|---|---|---|
| | 温度变化(单位:℃) | | 海平面上升(单位:米) |
| | 最佳估值 | 可能性范围 | 基于模式的变化范围，不包括未来冰流的快速动力变化 |
| A1T 情景 | 2.4 | 1.4～3.8 | 0.20～0.45 |
| B2 情景 | 2.4 | 1.4～3.8 | 0.20～0.43 |
| A1B 情景 | 2.8 | 1.7～4.4 | 0.21～0.48 |
| A2 情景 | 3.4 | 2.0～5.4 | 0.23～0.51 |
| A1FI 情景 | 4 | 2.4～6.4 | 0.26～0.59 |

虽然这些预估结果与 IPCC 第三次评估报告给出的范围(1.4～5.8℃)大体上一致，但它们不能用于直接比较。经评估的温度预估上限大于 IPCC 第三次评估报告的预估，主要是由于现有的一系列模式都显示出存在更强的气候—碳循环反馈。例如，在 A2 情景下，气候—碳循环反馈作用使 2100 年的全球平均变暖幅度超过 1℃以上。

因为对某些驱动海平面上升的重要效应的认识仍十分有限，所以本报告未对可能性做出评估，也未提供海平面上升的最佳估值或上限。表 3.1 给出了基于模式的针对 21 世纪末(2090 年至 2099 年)全球平均海平面上升的预估。对于每个情景，表 3.1 中的预估范围的中心点位于 IPCC 第三次评估报告模式给出的 2090 年至 2099 年平均值的 10% 之内。可信度范围比 IPCC 第三次评估报告更为集中的主要原因是对预估的贡献因子 12 不确定性认识的提高。关于海平面的预估结果未考虑气候—碳循环反馈的不确定性，也未包括冰盖流量变化的整体效应,因为仍缺乏这方面的文献基础。因此给定的范围上限值并非视为海平面上升的上限。预估结果包括格陵兰和南极冰流增加的贡献,其流速为1993年至2003年的观测值,但未来该流速可能加快或减慢。如果冰流速率的贡献随全球平均温度变化呈线性增长,那么表3.1给出的在SRES情景下海平面上升的预估上限会再增加0.1～0.2米。

在预估的变暖形态和其他区域尺度特征方面,目前的可信度大于IPCC第三次评估报告的可信度,包括风场、降水、某些极端事件和海冰。

对21世纪变暖的预估表明,不依赖情景的地理分布形态与过去几十年的观测结果相似。预计陆地上和大多数北半球高纬度地区的变暖幅度最大,而南半球海洋(靠近南极洲)和北大西洋北部变暖幅度最小。近期观测到的各种趋势仍在持续。

预估积雪面积将会退缩。预估在大多数多年冻土区将会出现解冻深度普遍增加。在所有的SRES情景下,预估北极和南极的海冰将会退缩。在某些预估中,北极夏末海冰将在21世纪后半叶几乎完全消失。

热极端事件、热浪以及强降水事件的频率很可能更加频繁。根据一系列模式,未来热带气旋(台风和飓风)的强度可能更大,最大风速加大,与不断升高的热带海面温度相关的强降水增加。有关全球热带气旋数量减少的预估有较小的可信度。自1970年以来,某些地区超强风暴的比例明显增大,远远大于现有模式的同期模拟结果。

预估温带风暴移动路径为极地方向的走势,因此导致风场、降水场和温度场发生变化,延续了近半个世纪以来所观测到的总体分布形态的变化趋势。

自 IPCC 第三次评估报告以来对预估的降水分布形态的认识不断提高。高纬地区的降水量很可能增加,而大多数副热带大陆地区的降水量可能减少,延续了近期所观测到的降水分布形态的变化趋势。

21 世纪之后,由于与各种气候过程和反馈相关的时间尺度,即使温室气体浓度实现稳定,人为变暖和海平面上升仍会持续若干个世纪。

未来气候变化对各系统及各地区的影响如下:

①生态系统

许多生态系统的适应弹性可能在 21 世纪内被气候变化、相关扰动(如洪涝、干旱、野火、虫害、海水酸化)和其他全球变化驱动因子(如土地利用变化、污染、对自然系统的分割、资源过度开采)的空前叠加所超过。

在 21 世纪内,陆地生态系统的碳净吸收在 21 世纪中叶之前可能达到高峰,随后减弱甚至出现逆转,进而对气候变化起到放大作用。

如果全球平均温度增幅超过 1.5℃～2.5℃,目前所评估的 20%～30% 的动植物物种可能面临越来越大的灭绝风险(中等可信度)。

如果全球平均温度增幅超过 1.5℃～2.5℃,并伴随着大气二氧化碳浓度增加,在生态系统结构和功能、物种的生态相互作用、物种的地理范围等方面,预估会出现重大变化,并在生物多样性、生态系统的产品和服务(如水和粮食供应)方面产生主要不利的后果。

②粮食

在中高纬地区,如果局地平均温度增加 1℃～3℃,预估农作物生产力会略有提高,这取决于作物。而在某些区域,如果升温超过这一幅度,农作物生产力则会降低(中等可信度)。

在低纬地区,特别是季节性干燥的区域和热带区域,即使局地温度有小幅增加(1℃~2℃),预估农作物生产力也会降低,这会增加饥荒风险(中等可信度)。

在全球范围内,随着局地平均温度升高1℃~3℃,预估粮食生产潜力会增加,但如果超过这一范围,预估粮食生产潜力会降低(中等可信度)。

③海岸带

由于气候变化和海平面上升,海岸带预计会遭受更大风险,包括海岸带侵蚀。这种影响将会因人类对海岸带地区的压力而加剧(很高可信度)。

到21世纪80年代,由于海平面上升,预估比目前多数百万的人口遭受洪涝之害。亚洲和非洲人口稠密的低洼大三角洲受影响的人口数量最多,而小岛屿则会更加脆弱(很高可信度)。

④工业、人居环境和社会

最脆弱的工业、人居环境和社会一般是那些位于海岸带和江河洪泛平原的地区、其经济与气候敏感资源关系密切的地区以及那些极端天气事件易发地区,特别是那些快速城市化的地区。贫穷社区尤为脆弱,尤其是那些集中在高风险地区的贫穷社区。

⑤健康

预估数百万人的健康状况将受到影响,其原因如下:营养不良增加;因极端天气事件导致死亡、疾病和伤害增加;腹泻疾病增加;由于与气候变化相关的地面臭氧浓度增加,心肺疾病的发病率上升;某些传染病的空间分布发生改变。

预估气候变化在温带地区将带来某些效益,例如因寒冷所造成的死亡减少。气候变化还会产生一些综合影响,例如疟疾在非洲的传播范围和潜力的变化。总体上,这些效益预计将会被温度升高对健康带来的负面影响所抵消,特别是在发展中国家。至关重要的是那些直接影响人类健康的因素,例如教育、卫生保健、公共卫生计划和基础设施以及经济发展。

⑥水

预计气候变化将加重目前人口增长、经济变革和土地使用变化(包括城市化)对水资源造成的压力。在区域尺度上,山地积雪、冰川和小冰帽对可用淡水起着关键作用。预估近几十年冰川物质普遍损失和积雪减少的速率将会在整个21世纪期间加快,从而减少可用水量,降低水力发电的潜力并改变依靠主要山脉(如兴都库什、喜马拉雅、安第斯)融水的地区河流的季节性流量,而这些地区居住着当今世界1/6以上的人口。

降水和温度的变化导致径流和可用水量发生变化。在较高纬度地区和某些潮湿的热带地区,包括人口密集的东亚和东南亚地区,根据高可信度的预估,到21世纪中叶径流将会增加10%～40%;而在某些中纬度和干燥的热带地区,由于降水减少而蒸腾率上升,径流将减少10%～30%。另有高可信度表明,许多半干旱地区(如地中海流域、美国西部、非洲南部和巴西东北部)的水资源将因气候变化而减少。预估受干旱影响的地区将有所增加,并有可能对许多行业(如农业、供水、能源生产和卫生)产生不利影响。从区域层面来看,预估因气候变化,灌溉用水需求会出现大幅度增加。

气候变化对淡水系统的不利影响超过其效益(高可信度)。预估径流减少的地区会面临水资源所提供服务价值的降低(很高可信度)。某些地区年径流量增加所带来的有利影响可能会被因降水变率提高和季节径流变化对供水、水质与洪水风险造成的负面效应所抵消。

现有的研究显示,未来许多区域的暴雨事件将显著增多,包括那些预估平均降雨量会下降的地区,由此增加的洪水风险将给社会、有形基础设施和水质带来挑战。到21世纪80年代,可能多达20%的世界人口将生活在江河洪水可能增多的地区。预估更频繁和更严重的洪水和干旱将对可持续发展产生不利影响。温度升高将进一步影响淡水湖泊和河流的物理、化学与生物学特性,并对许多淡水物种、群落成分和水质产生不利影响。在海岸带地区,由于地下水盐碱化加重,海平面上升将加剧水资源的紧缺。

⑦海洋酸化

自1750年以来人为碳排放物的吸收已导致海洋更加酸化,pH值平均下降了0.1。大气$CO_2$浓度升高导致海洋进一步酸化。根据基于SRES情景的预估,21世纪全球平均海平面的pH值减少0.14至0.35。虽然观测到的海洋酸化对海洋生物圈的影响尚无相关文献,预计海洋的逐步酸化对由海洋壳体形成生物(如珊瑚)及其依附物种产生不利的影响。

⑧极端事件

预计极端天气事件的频率和强度的变化以及海平面上升将对自然系统和人类系统大都产生不利的影响。人为变暖可能导致一些突变的或不可逆转的影响,这取决于气候变化的速率和幅度。

年代际时间尺度上的气候突变通常是涉及海洋环流的变化。此外,在更长时间尺度上,冰盖和生态系统的变化也可能起作用。如果气候发生大尺度突变,其影响可能相当大。

在很长时间尺度上,极区陆地冰盖的部分损失和海水热膨胀可能意味着海平面上升若干米,海岸线发生重大变化以及低洼地区洪水泛滥,对河流三角洲地区和地势低洼的岛屿产生的影响最大。根据当前模式预估,若全球温度(相对于工业化之前)持续升高1.9℃~4.6℃,这类变化则会在很长时间尺度(千年尺度)上发生,但不能排除在世纪尺度上海平面上升速率加快。

气候变化可能导致出现一些不可逆转的影响。有中等可信度表明,如果全球平均温度增幅超过1.5℃~2.5℃(相对于1980年至1999年),迄今为止所评估的20%~30%物种可能面临增大的灭绝风险。如果全球平均温度升高超过约3.5℃,模式预估结果显示,全球会出现大量物种灭绝(占所评估物种的40%~70%)。

根据当前模式的模拟结果,21世纪大西洋经向翻转环流(AMOC)将很可能减缓,预估该地区的温度将会升高。经向翻转环流在21世纪不太可能经历一次大的突然转变,尚无法对更长期的经向翻转环流变化做出可靠的评估。

经向翻转环流大尺度和持续变化的影响可能包括海洋生态系统生产力、渔业、海洋$CO_2$吸收、海洋含氧量和陆地植被的变化。陆地和海洋$CO_2$吸收的变化可能对气候系统产生反馈作用。

(4)应对措施

通过适应气候变化的影响以及减少温室气体排放(减缓),从而降低气候变化的速率和幅度,人类社会能够应对气候变化。适应和减缓能力取决于社会经济和环境的条件,以及信息和技术的可获取性。

自下而上和自上而下的研究均表明，具有高一致性和充分证据的是，在未来几十年减缓全球温室气体的排放有着相当大的经济潜力，这一潜力能够抵消预估的全球排放的增长甚至将排放降至当前水平以下。虽然研究采用不同的方法，但有高一致性和充分证据表明，在所有经过分析的世界区域内，作为采取减少温室气体排放行动的结果，减少空气污染所产生的近期健康共生效益可能是相当可观的，并可抵消相当一部分减缓成本。

自 IPCC 第三次评估报告以来的文献以高一致性和中等证据证实，虽然碳泄漏的规模仍然不确定，但是《联合国气候变化框架会约》附件一国家采取的行动也许对全球经济和全球排放产生影响。还有高一致性和中等证据表明，生活方式和行为模式的转变能有助于在所有行业减缓气候变化，管理做法也能够发挥积极的作用。规定碳的实价或隐含价的政策能刺激生产商和消费者大量投资低温室气体排放的产品、技术和流程。同时，一系列国家政策和手段可供政府用于建立激励减缓行动的机制。这些政策和手段的可适用性取决于国内的环境和对其相互作用的认识，但是各国和各行业的实施经验表明，任何特定的行政手段既有利也有弊。

## 4. 第五次评估报告主要内容

(1)观测到的气候变化及其成因

①大气

过去 3 个 10 年的地表温度依次升高，比 1850 年以来的任何 1 个 10 年都偏暖。1983 年至 2012 年，北半球有此项评估的地方很可能是过去 800 年里最暖的 30 年时期(高信度)，可能是过去1400年里最暖的30年时期(中等信度)。

全球陆地和海洋综合平均表面温度的线性趋势计算结果表明,1880年至2012年期间(存在多套独立制作的数据集)温度升高了0.85℃。基于现有的最长数据集,1850年至1900年和2003年至2012年的平均温度之间的总升温幅度为0.78℃。对于计算区域趋势足够完整的最长时期(1901年至2012年),全球几乎所有地区都经历了地表增暖,如图3.3所示。

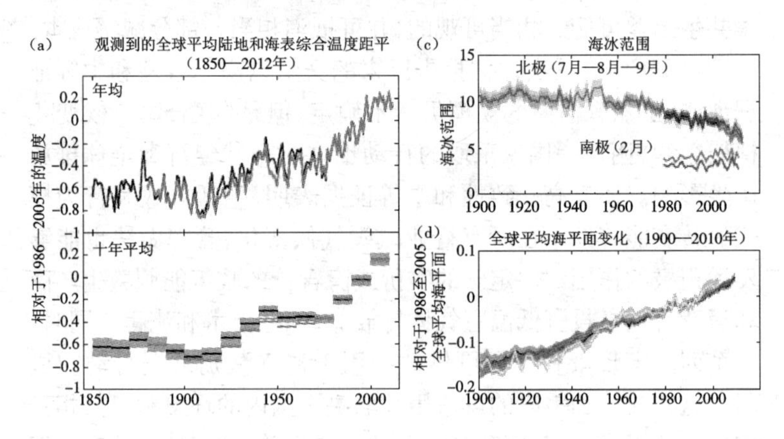


**图3.3 IPCC第五次评估报告中观测到的全球气候变化**

除了存在确凿的多年代际变暖之外,全球地表平均温度还表现出明显的年代际和年际变化(图3.3)。由于这种自然变率,基于短期记录的趋势对于开始期和结束期的选取非常敏感,而且一般不反映长期气候趋势。例如,起始于强厄尔尼诺事件的15年间的升温速率(1998年至2012年,温度每10年升高0.05℃)低于自1951年以来的升温速率(1951年至2012年,每10年温度升高0.12℃)。

基于对测量结果的多项独立分析，几乎可以确定的是，自20世纪中叶以来，在全球范围内对流层已变暖，而对流层底部已变冷。北半球温带对流层的变化速率及其垂直结构具有中等信度。

自1901年以来全球陆地区域平均降水变化在1951年之前为低信度，之后为中等信度。自1901年以来，北半球中纬度陆地区域平均的降水可能已增加（在1951年之前为中等信度，之后为高信度）。对于其他纬度，区域平均降水的正负长期趋势具有低信度（图3.3）。

②海洋

海洋变暖主导了气候系统储能的增加部分，占1971年至2010年累积能量的90%以上（高信度），仅有约1%储存在大气中。在全球尺度上，海洋表层温度升幅最大，1971年至2010年期间海洋上层75米以上深度的海水温度升幅为每10年0.11℃。可以确定的是，海洋上层（0～700米）在1971年至2010年期间已经变暖，而且可能是在19世纪70年代至20世纪70年代期间变暖的。可能的是，从1957年到2009年，海洋在700米和2000米深度之间已经变暖；从1992年到2005年，在3000米到海底之间已经变暖。

自20世纪50年代以来，以蒸发为主的高盐度海区的表水很可能变得更咸，而降水为主的低盐度海区的表水很可能变得更淡。这些区域性海洋盐度的变化趋势间接表明，海洋上蒸发和降水已发生变化，因此全球水循环也发生了变化（中等信度）。

③冰冻圈

过去20年以来，格陵兰和南极冰盖一直在损失冰量（高信度)，几乎全球范围内的冰川继续退缩(高信度)。北半球春季积雪面积继续缩小(高信度)。同样具有高信度的是，南极海冰范围有很强的区域差异，其总范围很可能出现了上升。

冰川损失了冰量，对整个20世纪的海平面上升起作用。格陵兰冰盖的冰量损失速度很可能在1992年至2011年期间大幅加快，这造成2002年至2011年期间的冰量损失多于1992年至2011年期间。南极冰盖的冰量损失主要发生在南极半岛北部和南极西部的阿蒙森海区，在2002年至2011年速度也可能更快。

1979年(卫星观测开始的年份)至2012年北极年均海冰范围在缩小，缩小速率很可能是每10年3.5%至4.1%。北极海冰范围在1979年以来的每个季节以及每个依次年代均已缩小，每10年平均范围的下降速度在夏季最快(高信度)。夏季最低海冰范围很可能每10年缩小9.4%至13.6%(每10年缩减73万～107万平方千米)。1979年至2012年，南极年均海冰范围很可能以每10年1.2%至1.8%(每10年增加13万～20万平方千米)的速度增加。但具有高信度的是，南极存在很大的区域差异，有些区域的海洋范围增加，有些区域减小。

具有很高信度的是，自20世纪中叶以来，北半球积雪面积已缩小。在1967年至2012年时期，北半球3月和4月份积雪面积每10年缩小1.6%，六月份每10年缩小11.7%。具有高信度的是，自20世纪80年代初以来，北半球大多数地区多年冻土层的温度已升高，一些地区冻土层的厚度和面积减少。多年冻土温度升高是对升高的地面温度和积雪变化的响应。

④海平面

1901年至2010年，全球平均海平面上升了0.19米(图

3.3)。19世纪中叶以来的海平面上升速率比过去两千年来的平均速率高(高信度)。

很可能的是,全球平均海平面上升的平均速率在1901年至2010年期间为每年1.7毫米,在1993年至2010年期间为每年3.2毫米。对于后一个时期的海平面上升速率加快的问题,验潮仪和卫星高度计的资料是一致的。1920年至1950年可能也出现了类似的高速率。

自20世纪70年代初以来,冰川损失和因变暖导致的海洋热膨胀两者一起可解释为什么观测到的全球平均海平面上升了75%(高信度)。具有高信度的是,1993年至2010年期间全球平均海平面上升程度与观测到的因变暖造成的海洋热膨胀、冰川变化、格陵兰岛冰盖变化、南极冰盖以及陆地水储量变化等方面的贡献总和相一致。

由于海洋循环的波动性,在几十年中,很多区域的海平面上升速度要比全球平均海平面上升快很多或慢很多。自1993年开始,西太平洋的区域速度达全球平均速度的三倍,而东太平洋大部分地区的速度接近或低于全球平均速度。

具有很高信度的是,末次间冰期(距今约12.9万年至11.6万年)的几千年中全球平均海平面的最大值至少比当前高5米。同样具有高信度的是,那一时期海平面没有超过当前10米。末次间冰期格陵兰冰盖对全球平均海平面上升的贡献很可能在1.4～4.3米,这意味着南极冰盖也对全球海平面上升做出了额外贡献(中等信度)。海平面的这种变化是在不同的轨道强迫,以及高纬度几千年平均的地表温度比目前至少高出2℃的背景下出现的(高信度)。

⑤变化驱动因子

改变地球能量收支的自然和人为物质与过程是气候变化的物理驱动因子。辐射强迫量化了由这些驱动因子引起的进入地球系统的能量扰动。正辐射强迫值导致近地表变暖，而负辐射强迫值导致近地表变冷。辐射强迫的估算是基于实地观测和遥感观测、温室气体和气溶胶的特性以及利用数值模式的计算结果。1750 年至 2011 年期间的辐射强迫见图 3.4，其中对辐射强迫的大类进行了区分。“其他人为类”主要包括气溶胶变化的制冷效应，臭氧变化、土地利用反射比变化和其他较小因素所起的作用更小。

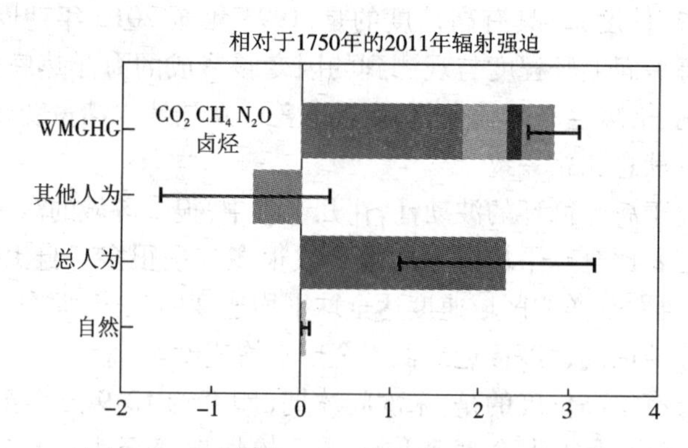


**图 3.4 IPCC 第五次评估报告中的辐射强迫**

温室气体的大气浓度已上升到过去 80 万年以来前所未有的水平。自 1750 年以来，温室气体二氧化碳（$CO_2$）、甲烷（$CH_4$）和氧化亚氮（$N_2O$）的浓度均已大幅增加（分别为 40%、150% 和 20%）。2002 年至 2011 年期间，$CO_2$ 浓度的增加速度是观测到的最快 10 年变化速度（每年 $2.0 \pm 0.1$ ppm）。自 20 世纪 90 年代末，$CH_4$ 的浓度出现了近 10 年的稳定，但自 2007 年开始，大气中的 $CH_4$ 浓度再次上升。过去 30 年间，$N_2O$ 的浓度以每年 0.73 ± 0.03 ppb 的速度上升。

在 1750 年至 2010 年期间，人为 $CO_2$ 累计排放量中大约有一半发生在过去 40 年（高信度）。2040 ± 310 Gt $CO_2$ 的人为 $CO_2$ 累计排放于 1750 年至 2011 年进入大气。自 1970 年以来，源于化石燃料的燃烧和水泥生产的 $CO_2$ 累积排放量增加了两倍，而来自森林和其他土地利用的 $CO_2$ 累积排放量增加了约 40%。2011 年，源于化石燃料的燃烧和水泥生产的 $CO_2$ 排放量为 34.8 ± 2.9 Gt $CO_2$/yr。2002 年至 2011 年，森林和其他土地利用的年均排放为 3.3 ± 2.9 Gt $CO_2$/yr。

自 1750 年以来，这些人为 $CO_2$ 排放中的 40% 保留在大气中，其余的通过碳汇从大气中移除或储存在自然碳循环库中。剩余的累积 $CO_2$ 排放储存在海洋和带土壤的植被中，二者所占的比例大致相当。海洋吸收了约 30% 的人为排放 $CO_2$，造成了海洋酸化。

总年度人为温室气体排放在 1970 年至 2010 年持续增加，而 2000 年到 2010 年的绝对增长量更高（高信度）。尽管气候变化减缓政策的数量出现了上升，但从 2000 年到 2010 年，年度温室气体排放还是每年平均增加 1.0 Gt $CO_2$ - eq（2.2%），而 1970 年至 2000 年每年平均增加 0.4 Gt $CO_2$ - eq（1.3%）。2000 年至 2010 年的总人为温室气体排放在人类历史上是最高的，在 2010 年达到了 49（±4.5）Gt $CO_2$ - eq/yr。2007 年和 2008 年的全球经济危机只是暂时减少了排放。

1970 年至 2010 年，化石燃料燃烧和工业过程的 $CO_2$ 排放量占温室气体总排放增量的约 78%，与 2000 年至 2010 年增量的百分比贡献率相近（高信度）。2010 年，化石能源相关的 $CO_2$ 排放量达到32( ±2.7) Gt $CO_2$/yr,并在2010年至2011年继续增长了约3%,在2011年至2012年增长了1%～2%。$CO_2$仍是主要的人为温室气体,占2010年人为温室气体排放总量的76%。排放总量当中,16%来自$CH_4$,6.2%来自$N_2O$,2.0%来自含氟气体。1970年以来,人为温室气体年排放量中约有25%为非$CO_2$气体。

2000年至2010年,年度人为温室气体排放总量增长了约10 Gt $CO_2$ - eq。这一增量直接源于能源(47%)、工业(30%)、交通(11%)和建筑(3%)行业(中等信度)。建筑业和工业对间接排放量的贡献有所提升(高信度)。2000年以来,除农业、林业和其他用地(AFOLU)外,全部行业的温室气体排放量都在增长。2010年,能源行业的温室气体排放量占总量的35%,AFOLU的温室气体净排放量占24%,工业占21%,交通占14%,建筑业占6.4%。当电、热生产的排放是来自使用最终能源的行业时(即间接排放),工业和建筑业在全球温室气体排放量中的占比分别增至31%和19%。

从全球来看,经济发展和人口增长仍然是推动因化石燃料燃烧造成$CO_2$排放增加的两个最重要因素。2000年至2010年期间,人口增长的贡献率仍然保持与之前30年大致相同的水平,但经济发展的贡献率急剧上升(高信度)。2000年至2010年,两大驱动因素的发展速度都超过了降低国内生产总值(GDP)中能耗强度以实现减排的速度。较之其他能源,煤炭用量的增加转变了世界能源供应中脱碳(即降低能源碳强度)的长期趋势。

1951年至2010年期间观测到的全球地表平均温度上升中,大部分极有可能是由人为温室气体浓度的增加和其他人为强迫共同造成的。人类对变暖贡献的最佳估测值与同一时期内观测到的变暖是近似的。1951 年至 2010 年，温室气体造成的全球平均地表升温可能为 0.5℃～1.3℃，而其他人为强迫（包括气溶胶的冷却效应）、自然强迫及自然内部变率进一步加剧了温度上升。评估的上述因素总体与该时期观测温度上升 0.6℃～0.7℃一致。

（2）未来的气候变化、风险和影响

①大气温度

2016 年至 2035 年的全球平均地表温度可能比 1986 年至 2005 年高 0.3℃～0.7℃（中等信度），其中假设不发生重大火山喷发或某些自然来源的重大变化，或太阳总辐射的意外变化。未来的气候将取决于过去的人为排放以及未来的人为排放和自然气候变率导致的持久性变暖。到 21 世纪中期前，排放情景的选择会大大影响预估气候变化的程度。2100 年及以后，各个情景得出的气候变化仍然会有差别。

北极地区的变暖速率将继续高于全球平均（很高信度）。陆地的平均变暖速率将高于海洋平均变暖速率（很高信度），也高于全球平均变暖速率。

几乎可以确定的是，随着全球地表平均温度上升，大部分陆地地区逐日和季节时间尺度上发生高温极端事件的频率将增高，而低温极端事件的频率将下降。热浪将会更为频繁地发生，持续时间将会更长。偶发性冬季极端低温将继续发生。

②水循环

随着全球平均表面温度的上升，中纬度大部分陆地地区和湿润的热带地区的极端降水有可能强度加大、频率增高。

全球范围内受季风系统影响的地区可能增加，季风降水可能增强,区域范围内厄尔尼诺—南方涛动(ENSO)相关的降水变率将可能加强。

③海洋及冰冻圈

21世纪全球海洋将继续变暖,预估海洋最强的变暖出现在热带和北半球副热带地区的海洋表面。深海区的变暖以南大洋最为明显(高信度)。

很可能的是,大西洋经向翻转环流(AMOC)在21世纪将会减弱,而减弱的最佳估计值和模式范围为11%~34%。北极海冰面积预计全年都会减少。到21世纪末,北半球春季积雪面积的平均值可能减少7%~25%。

几乎可以肯定的是,随着全球地表平均温度的上升,北半球高纬度近地表多年冻土的面积将会减少。多模式预估的平均结果显示,近地表(上层3.5米)多年冻土范围的平均值可能减少37%~81%(中等信度)。

全球冰川体积(不包括南极周边地区的冰川,也不包括格陵兰岛和南极冰盖),预计减少15%~55%或35%~85%(中等信度)。

21世纪全球平均海平面将继续上升。海平面的上升速率将很可能超过1971年至2010年观测的速率2.0毫米/年,2081年至2100年海平面上升速率可能为每年8~16毫米(中等信度)。

④气候系统响应

决定响应外部强迫的气候系统特性通过气候模型以及过去和最近气候变化的分析得到评估。平衡气候敏感度(ECS)的范围可能是1.5℃~4.5℃,极不可能低于1℃,很不可能大于6℃。

二氧化碳的累计排放量很大程度上决定了21世纪末及以

后的全球平均地表变暖幅度。众多证据显示，在所有情景下二氧化碳净累计排放量（包括二氧化碳去除的影响）和2100年预估的全球温度变化之间存在紧密和持续的近似线性关系，如图3.5所示。在不确定性的范围内，过去的排放量和观测到的变暖也证明了该关系。任一给定的变暖水平都对应着一定的累计二氧化碳排放量（取决于非二氧化碳驱动因素）。因此，如果早期排放较多，那么后期排放就会较低。

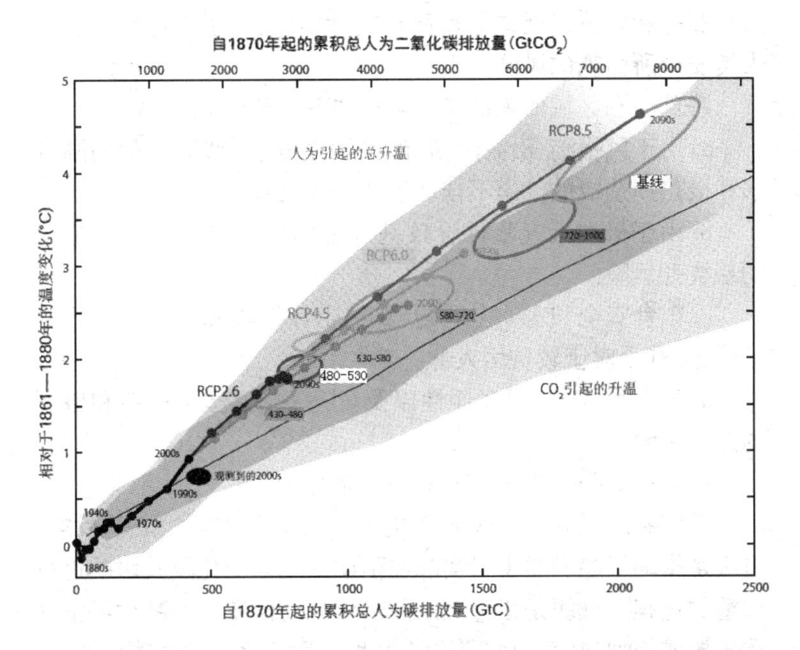


**图3.5　IPCC第五次评估报告中的累积人为碳排放量**

每一万亿吨二氧化碳形式的碳造成的全球平均峰值表面温度变化可能为0.8℃～2.5℃。这个量称为“对累积碳排放的瞬时气候响应(TCRE)”,这个值得到了模拟和观测证据的支持,并可应用于约2000 GtC的累积排放。

气候变化将会放大自然系统和人类系统的现存风险,同时带来各种新生风险。风险的分布是不均匀的,但无论处于哪种发展水平的国家,其弱势人群和社区面临的风险通常是更高的。气候变暖幅度的提高会增加对人类、物种和环境产生严重、普遍和不可逆转影响的可能性。持续的高排放对生物多样性、生态系统服务和经济发展造成负面影响,同时放大了生计和粮食与人类安全所面临的风险。

跨部门和区域的关键风险包括如下4条(高信度):

a.由于风暴潮、沿海洪涝、海平面上升、一些区域的内陆洪水和极热期造成的健康不佳和生计干扰风险。

b.由于极端天气事件导致基础设施网络和关键服务崩溃的系统性风险。

c.粮食安全和水安全问题、农村生计保障和收入的损失等风险,尤其是对于较贫困人群。

d.生态系统、生物多样性以及生态系统益处、功能和服务的损失风险。

(3)未来适应、减缓和可持续发展路径

适应和减缓是应对气候变化风险的两项相辅相成的战略。适应是指为了趋利避害对实际或预期的气候变化及其影响进行调整的过程。减缓是指为了限制未来的气候变化而减少温室气体排放或增加温室气体“汇”的过程。适应和减缓均能减轻和管理气候变化影响带来的风险。但适应和减缓在产生效益的同时也会造成其他风险。在战略性地应对气候变化时,要考虑适应和减缓行动带来的风险与共生效益,同时要考虑与气候相关的风险。

减缓、适应和气候影响都可带来各类系统的转型和变化。气候变化将改变生态系统、粮食系统、基础设施、沿海地区、城乡地区、人类健康和生计，这取决于变化的速度和幅度以及人类与自然系统的脆弱性和暴露度。对不断变化的气候展开适应性响应需要采取各类行动，包括从增量变化到更基础、更具转型性的变化。减缓会涉及人类社会在生产和使用能源服务以及土地方面的根本性变化。

可持续发展和公平可为评估气候政策奠定基础。为实现可持续发展和公平，消除贫困和限制气候变化等是十分必要的。各国在过去和未来向大气中排放的温室气体累积量各不相同，且各国也面临着不同的挑战及境遇，减缓与适应的能力也不相同。减缓和适应带来了公平、公正和正义的问题，也是实现可持续发展和根除贫困的必由之路。许多对气候变化最敏感的国家曾经或目前鲜有温室气体排放。推迟减缓会将目前的负担转嫁到未来，对新出现的影响没有充分的适应响应会进一步削弱可持续发展的基础。

适应和影响均能够对地方、国家和国际层面上的分配产生影响，具体取决于谁是付出者和谁是受益者。应对气候变化的决策过程和该过程对受影响人权利与看法的尊重程度也是从正义角度关切的内容。

如果个别方面只顾自身利益，则不可能实现有效的减缓。气候变化具有在全球尺度上集体采取行动解决问题的特点，因为大部分温室气体会随时间的推移而累积并在全球范围发生混合，任何方面（例如个人、社区、公司、国家）的排放都会影响其他方面。因此需要合作响应，包括国际合作来有效减缓温室气体排放并应对其他气候变化事宜。通过在各层面开展互补式行动,包括国际合作,可提高适应的有效性。有证据表明,被视为公平的成果能够形成更有效的合作。

气候变化决策需要在各类价值之间进行计价和调整,可能需要几个规范性学科分析方法的帮助。伦理学分析了相关的不同价值以及它们之间的关系。政治哲学近期调研了排放影响的责任问题。可以利用经济学和决策分析法提供的量化计价方法来计算碳排放的社会成本、开展成本效益分析、优化综合模式等。经济学方法可反映伦理原则,可考虑非市场化产品、公平、行为性偏见、附加效益和成本,以及货币对不同人群所具有的不同价值。

在气候变化的复杂环境中,有效的决策和风险管理也许可以重复进行:在实施阶段出现了新信息和新认识时通常可以调整战略。然而,近期的适应和减缓选择将影响整个21世纪及之后气候变化的风险状况,而且面向可持续发展、具备气候恢复能力的路径的前景取决于通过减缓能够达到的程度。随着时间的推移,尤其是如果减缓拖延得太久,则利用适应与减缓之间正向协同作用的机会将逐渐减少。个体和机构如何看待以及如何考虑风险和不确定性会对气候变化决策产生影响。人们有时使用各种简化的决策规则,高估或低估风险,甚至对现状有偏见。人们的风险规避程度和人们对各项具体行动的近期乃至长期结果的相对重视程度存在差异。在考虑不确定性情况下,正式决策分析方法能够准确描述风险,能够重点关注短期和长期后果。

如果不做出比目前更大的减缓努力,即使采取适应措施,到21世纪末,变暖仍将导致高风险至很高风险的严重、广泛和不可逆的全球影响(高信度)。减缓包括某种程度的共生效益以及不利副作用带来的风险，但这些风险不会带来与气候变化风险同样概率的严重、广泛和不可逆的影响，相反会增加近期减缓努力带来的效益。

适应可降低气候变化影响的风险，但其效果有限，特别是在气候变化幅度较大和速度较快的情况下。在可持续发展的背景下，如果能有长远眼光，则会增加如下的可能性：更多直接适应行动也将会强化未来的方案和准备。

①适应可在目前和未来促进民众的福祉、财产安全与维持生态系统产品、功能和服务。适应具有地域性和背景性，降低风险没有单一普遍适用的方法（高信度）。

②各管理层面的适应规划和实施取决于社会价值观、目标和风险认知（高信度）。

③通过从个人到政府各层面开展互补性行动可加强适应的规划和实施（高信度）。

④适应未来气候变化的第一步是降低对当前气候变率的脆弱性和暴露度（高信度）。

⑤很多相互影响的限制因素会阻碍适应的规划和实施（高信度）。

⑥更高、更大的气候变化速率和幅度更有可能超过适应极限（高信度）。

⑦经济、社会、技术和政治决策及行动等方面的转型可加强适应并促进可持续发展（高信度）。

⑧建设适应能力对于有效选择和实施适应方案至关重要（证据确凿，一致性高）。

⑨减缓与适应之间，以及不同适应响应之间存在显著的共生效益、协同作用和权衡取舍，区域内和区域间存在相互作用（很高信度）。

目前,有多种减缓路径可能将升温幅度限制在相对于工业化前水平的2℃以内。这些路径需要在未来几十年内显著减排,到21世纪末,$CO_2$及其他长寿命温室气体接近零排放。实施此类减排将带来显著的技术、经济、社会和制度挑战,如果额外减缓出现延迟以及无法提供关键技术,则挑战难度就加大。将升温限制在或低或高的水平涉及类似的挑战,只是时间尺度不同。

如果不努力做出比今天更显著的温室气体减排,受全球人口增长和经济活动的影响,预计全球排放量将持续增长。在2100年能够实现大约450 ppm二氧化碳当量或者更低浓度的情景,这就有可能将21世纪的温升控制在不超过工业时代前水平的2℃。若要在可能的概率下将温升控制在不超过工业时代前水平的2℃,则需要到21世纪中叶通过大规模改变能源系统和潜在的土地利用而大幅度削减人为温室气体排放。将温升控制在更高水平也需要类似的改变,但可以慢一点,而将温升控制在更低水平则要求这些改变发生得更快些。

## 第二节 《联合国气候变化框架公约的京都议定书》[①]

### 1.《联合国气候变化框架公约的京都议定书》的概况

《联合国气候变化框架公约的京都议定书》(以下简称《京

① 钟茂初,史亚东,孙元.全球可持续发展经济学[M].北京:经济科学出版社,2011.

都议定书》）为38个工业化国家（其中包括11个中东欧国家）规定了具有法律约束力的限排义务，限排的目标覆盖6种主要的温室气体：二氧化碳、甲烷、氧化亚氮、氢氟碳化物、全氟化碳和六氟化硫。《京都议定书》规定，到2010年，所有发达国家排放的二氧化碳等6种温室气体的数量，要比1990年减少5.2%，发展中国家没有减排义务。对各发达国家来说，从2008年到2012年必须完成的削减目标是：与1990年相比，欧盟削减8%、美国削减7%、日本削减6%、加拿大削减6%、东欧各国削减5%～8%。新西兰、俄罗斯和乌克兰则不必削减，可将排放量稳定在1990年水平上。议定书同时允许爱尔兰、澳大利亚和挪威的排放量分别比1990年增加10%、8%、1%。《京都议定书》需要在占全球温室气体排放量55%的至少55个国家批准之日后第90天才具有国际法效力。

(1)《京都议定书》的签署规模

中国是《京都议定书》第37个签约国，于1998年5月29日签署。2002年8月30日，中国常驻联合国代表王英凡大使向联合国秘书长安南交存了中国政府《联合国气候变化框架公约的京都议定书》核准书。2002年9月3日，中国国务院总理朱镕基在约翰内斯堡可持续发展世界首脑会议上讲话时宣布，中国已核准《京都议定书》。2005年2月16日《京都议定书》在全球生效。美国于1998年11月签署了《京都议定书》，但2001年3月，布什政府以“减少温室气体排放将会影响美国经济发展”和“发展中国家也应该承担减排与限排温室气体的义务”为借口，宣布拒绝执行《京都议定书》。2003年3月，欧盟环境部长会议批准了《京都议定书》。6月，日本政府也批准了《京都议定书》。2004年11月18日，俄罗斯正式递交了加入《京都议定书》的文件。截至2010年,共有195个国家和地区批准了该协议。

(2)《京都议定书》的机制保障

第一项是排放权交易机制(Emission Trading)。排放权交易是指一个发达国家,将其超额完成减排义务的指标,以贸易的方式转让给另外一个未能完成减排义务的发达国家,并同时从转让方的允许排放限额上扣减相应的转让额度。由于温室气体以二氧化碳为主,因此人们将此类温室气体排放贸易简称为碳排放贸易或碳贸易。

第二项灵活机制是清洁发展机制(Clean Development Mechanism)。参与该机制的附件一国家通过在非附件一缔约国(主要是发展中国家)投资温室气体减排项目,从而获得该项目产生的经核证的排放减少量(Certified Emissions Reductions, CERs)以充抵其超出额度的排放量。由于发展中国家的减排成本远低于发达国家,所以清洁发展机制能为附件一国家大大节省减排费用,同时也有利于发展中国家获得减少温室气体排放所必需的资金和技术。

第三项灵活机制是联合履行机制(Joint Implementation)。参与该机制的附件一国家通过在其他附件一国家投资温室气体减排项目,从而获得该项目产生的排放减少单位(Emission Reduction Units,ERUs)以充抵其超出额度的排放量。设立该机制主要是考虑发达国家之间在减排成本上也存在差异。

上述三项灵活机制可划分为两大类:一类是基于配额的碳排放贸易,包括排放权交易机制;另一类是基于项目的碳排放贸易,包括清洁发展机制与联合履行机制。进一步来说,基于项目的碳排放贸易可分解为两大基本步骤。首先是温室气体减排项目的投资、建设和运营，其次是出售项目所产生的ERUs或CERs。在目前的京都碳排放贸易市场中，基于项目的碳排放贸易占据主导地位。据世界银行的统计，2007年基于联合履行机制和清洁发展机制的初级碳排放贸易市场成交量为634亿吨二氧化碳当量，成交金额达到82亿美元。二级市场的成交量也达到24亿吨二氧化碳当量，成交金额为545亿美元。参与京都碳排放贸易市场的主体大致可分为三类。第一类是ERUs、CERs和碳排放单位（AAUs）的供应方，如项目投资方、附件一国家等。第二类是碳排放单位的最终买方，如附件一国家、有强制减排义务的私人企业等。第三类是增强市场流通性的中间商，如经纪人、碳交易所等（宋俊荣，2010）①。

（3）《京都议定书》框架下的合作与支援机构

确保所有缔约方顺利执行公约，采取国际合作机制，并向发展中国家和经济转型国家提供支持和帮助也是《京都议定书》的重要组成部分。没有它们（包括全球环境基金及其代理机构和其他国际组织）的支持，这些目标就无法完成。无论是履行机构还是科技咨询机构都有一些特定的议程项目，这中间财务金融系统、技术系统和针对不发达国家的工作最引人瞩目。其中，财务金融系统主要包括全球环境基金（GEF）、其他三种特殊基金（气候变化特别基金、适应基金和最不发达国家基金），以及缔约方向财务系统提供的指导意见资料。技术系统主要负责技术的转让和汇总。针对最不发达国家的工作包括国家适应行动方案（NAPA），以及最不发达国家专家组（LEG）的工作。此

① 宋俊荣.《京都议定书》框架下的碳排放贸易与WTO[J].前沿，2010(13)：57-60.

外《京都议定书》还致力于教育、研究以及与其他国际组织的共同合作。

## 2.《京都议定书》的实施效果

发达国家温室气体减排任务的完成情况并不理想，如图 3.6 和图 3.7 所示。除转型国家以外，其他发达国家的排放总量不仅没有下降反而出现了平稳上升趋势。美国在 2001 年退出之前和之后的排放量并没有显著的趋势变化，这也说明了美国的减排任务难以完成是退出的重要原因。日本的情况极为相似，在 2010 年 12 月举行的“坎昆气候谈判会议”上，日本由于无法完成《京都议定书》第二期减排承诺而提议抛弃《京都议定书》。可见，《京都议定书》的波折本质上来自谈判各方利益的博弈。

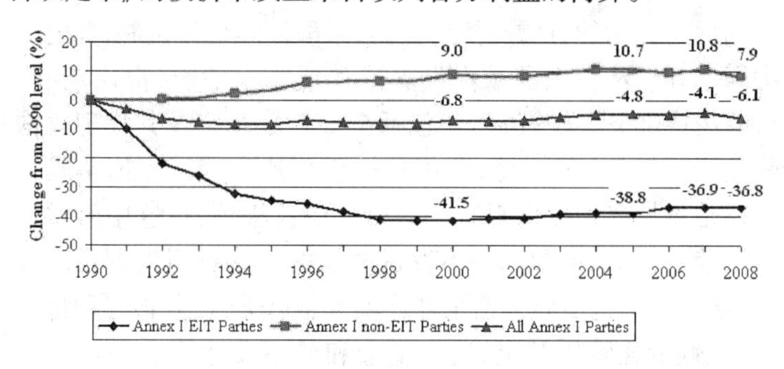


图 3.6 附件一国家温室气体排放总量

## 3.《京都议定书》的波折

(1)背景

《京都议定书》的架构参考了《蒙特利尔破坏臭氧层物质管

制议定书》,采取一种“共同而有区别的责任”来划分减排任务,即发展中国家相对发达国家应该有一个适应和发展阶段。

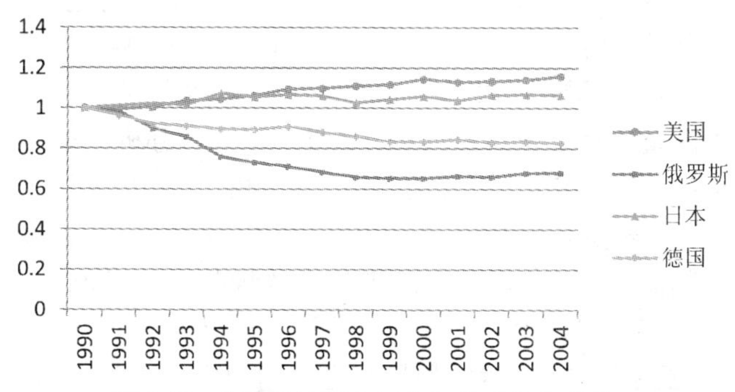


**图 3.7　主要发达国家温室气体减排完成情况**

《京都议定书》规定,“附件一所列缔约方应个别地或共同地确保其在附件 a 中所列温室气体的人为二氧化碳当量排放总量不超过按照附件 c 中所载其量化的限制和减少排放的承诺,以及根据本条的规定所计算的其分配数量,以使其在 2008 年至 2012 年承诺期内这些气体的全部排放量在 1990 年水平上至少减少 5%”。议定书只规定了 2012 年之前的发达国家减排任务,但没有对发展中国家做出要求。《京都议定书》和《蒙特利尔破坏臭氧层物质管制议定书》不同的是,对于 2012 年之后的阶段该如何减排并没有一致的意见,发展中国家是否应该承担减排责任成为关注的焦点,同时也成了“议定书的生死劫”。

2004 年,哥本哈根共识(Copenhagen Consensus)对人类面对的 30 个紧要问题进行了排序:首先是增加儿童微量营养素,其次是 WTO 的多哈谈判,再次是微量营养素工程(铁和碘盐),此外还包括儿童免疫力工程、生物合成、学校营养工程、减免学费、增加女性受教育程度、社会营养工程等29项亟待解决的人类问题，排名最后3位的是烟草税、$CO_2$减排研发工作和$CO_2$减排。列出这一排序的专家顾问也非等闲之辈，这其中包括4位诺贝尔奖获得者，包括道格拉斯·诺斯、弗农·史密斯和罗伯特·福格尔，中国著名经济学家林毅夫也赫然在列。他们的分析更多的是从经济学的视角来对紧要问题进行分析和排序。气候变化问题排在最后，一方面是因为减排的成本十分高昂。丁仲礼认为"规定将地球升温控制在2℃内的阈值，并强调要达到这一阈值，就要将大气中二氧化碳浓度控制在450 PPM内（到2020年），以此得出全球只能排放8000亿吨二氧化碳的结论"。根据丁仲礼的计算，如果接受发达国家提出的25%的中期减排目标，中国到2019年即用完排放权。即使这个目标提高到40%，也仅仅将用完排放权的时间推到2021年而已。这也就意味着，即使气温升高2℃，中国的可使用碳排放权也只有10年，对于中国来讲显然太少了。另一方面是因为减排带来的收益并不是直观的。基于$CO_2$的温室效应得出的结论"都是来自实验室的数值模拟"（丁仲礼），并且是基于一种气温敏感性假设，也就是说如果气温对$CO_2$不是预想的这样敏感，气候也许不会升高得更快，由此带来的损害也要小得多。同时，丁仲礼从千年气温变化中得出结论，他认为气温变化受多种因素的影响，减少$CO_2$排放未必可以扭转这一气温升高的势头。从经济学的视角来分析，减少$CO_2$排放导致的成本和收益并不匹配，在巨大的不确定性存在的条件下，我们担心减排是否会沦为一个"面子工程"。

但是针对减排问题，其中一个确定的结论是：减排作为一个行为，确实会改善其所在地的生活环境，这种改善可能不是来自温室效应，而是伴随化石能源的高效使用带来的粉尘、酸雨等环境污染物的减少。中欧能源结构对比如图 3.8 所示。以中国的能源使用结构为例，中国能源结构在 30 年中变化不太大，新能源的使用比例提升了一倍，但是相比欧洲的新能源使用比例还差了一半多。中国这种以煤炭为主导的能源结构是中国能源比较优势的选择，但是在煤炭的使用效率和开采结构上却给我国环境带来了污染问题。

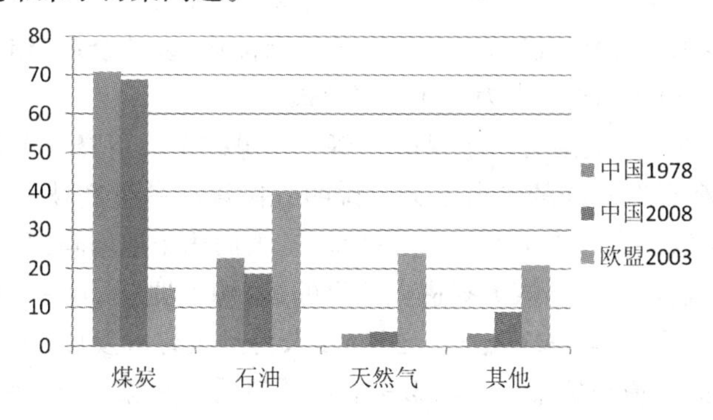


**图 3.8　中欧能源结构对比**

在中国电力产业发展中，降低煤电的比重是节能减排和保护生态环境的需要。2007 年，中国发电装机容量突破 7 亿 kW，居世界第二，仅次于美国。全国发电量达到 32559 亿 kW·h，连续 7 年平均增长超过 13.2%。然而，中国电力产业结构仍有待调整。中国电力产业结构的不合理主要表现在两个方面：一是电源结构不合理。从电源结构来看，主要是水电开发速度不快，核电和新能源发展缓慢，小火电所占的比例仍然较大。2007 年，在中国的电力装机中，火电装机 5.54 亿 kW，约占 77.7%；水电装机 1.48 亿 kW，约占 20.4%；核电装机 906.8 万 kW，约占 1.3%；风电及其他新能源600多万kW,仅约占0.8%。火电装机比重过大造成对煤炭的需求越来越大,同时电力用煤需求不断增加直接导致电力行业对煤炭供应和铁路运输的依赖度越来越高,对节能减排造成巨大压力。二是电源布局不合理。主要是中国东、中、西部地区能源资源分布不均,东部沿海地区煤电装机过多、过密,造成环保压力加大。因此,推进节能减排,发展中国电力产业,必须调整电源生产结构,优化电源布局结构,构建以优化发展煤电为重点、大力发展水电、积极发展核电、加快发展新能源,以及合理布局东、中、西部电源结构的电力产业发展模式。

2009年,全国关闭小煤矿1000个,煤矿个数下降到1.5万个,煤矿矿难新闻的层出不穷也说明我国煤矿的生产技术水平仍然偏低。山西省1/8面积已被采空,大面积土地塌陷,开采煤矿已经造成很多产煤大省遭受严重的"资源诅咒"[①],这一"资源诅咒"更多的是"未富先衰",经济尚未得到很好的发展,则已经将资源、环境破坏殆尽。图3.9显示了各国的能源使用效率,从中可以发现我国能源使用效率自2000年以来有一定下降趋势。以资源的过量投入带来的经济增长成本巨大,这就要求我们走一条低能耗、低污染的道路。

(2)变故:美国退出《京都议定书》

在《京都议定书》谈判之前,1997年6月25日美国参议院以95票对0票通过了《伯德·哈格尔决议》,要求美国政府不得签署任何"不同等对待发展中国家和工业化国家的、有具体

① "资源诅咒"也称为荷兰病(Dutch Disease),是指自然资源的丰富反而拖累经济发展的一种经济现象。一般是由于对资源的过分依赖导致其他产业的发展和创新能力、人力资本积累等不足,从而导致后期经济发展放缓。

目标和时间限制的条约”,因为这会“对美国经济产生严重的危害”。但1998年11月12日参加谈判的副总统戈尔仍然象征性地签了字。考虑到参议院当时的态度不可能通过该条约,克林顿政府没有将议定书提交国会审议。

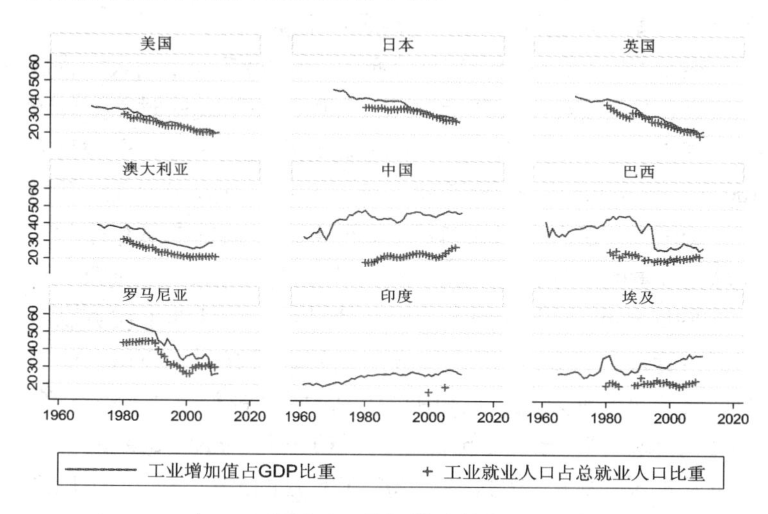


**图3.9　能源使用效率**

注:2000年以前实际GDP以1990年价格计算,2000年—2005年以2000年价格计算,2005年之后以2005年价格计算。

1998年7月克林顿政府公布了一份经济顾问委员会的报告,这份报告认为通过和附件I/B以及其他发展中国家之间按照清洁发展机制进行排放交易,可以使美国减少原先估计花费的60%,就达到《京都议定书》规定的2012年排放要求。除此之外其他部门的经济评估,包括国会预算办公室、美国能源部、能源信息管理局等,却都认为履行《京都议定书》有可能会大幅降低美国GDP增长。

布什总统说不会把条约提交国会批准,他表示原则上并不反对《京都议定书》的思想,但是他认为议定书规定的要求太高会损害美国的经济,他强调目前科学界对于气候变化的研究还没有定论。此外,他对条约的一些细节也不满意。例如,他对把附件一国家和其他国家区别对待表示不满。

根据美国能源信息管理局公布的资料,2003 年中国人均排放二氧化碳 0.74 吨,比 1990 年增长了 40%,但与此同时美国的人均二氧化碳排放量达到了 5.44 吨,将近中国的 8 倍。全球已有 100 多个国家和地区签署《京都议定书》,其中包括 30 个工业化国家。美国人口仅占全球人口的 3% 至 4%,排放的二氧化碳却占全球排放量的 25% 以上,是全球温室气体排放量最大的国家。

2005 年 6 月,美国国务院的文件显示当局认同了埃克森石油公司管理层的观点,拒绝气候变化的政策有利于公司摆脱财政困难并更好地发展,这其中也包括对《京都议定书》的态度。另外,游说团体"全球气候联合会"(Global Climate Coalition)在此也发挥了一定的影响。在 2005 年 6 月的 G8 会议上,美国政府正式宣布愿意承担"发达国家可以做到的实际承诺,但前提是不损害经济发展"。其实这一承诺和美国政府以前的一贯承诺——到 2012 年前把"碳密度"降低 18% 是如出一辙的(碳密度并非指大气中的二氧化碳含量,而是指以 GDP 平均的二氧化碳排放量)。碳排放密度的降低并不代表碳排放量的减少,因此,这一承诺对于以高资源消耗的美国而言并不具有实际意义。

有人认为美国退出《京都议定书》是为后来的伊拉克战争做准备,因为军队同样是排放大户,承诺减排义务必然带来军事训练的减少。本书认为这一"猜想"并不可信,一份不具有法律约束的议定书不足以影响国家决策,但签署议定书可以彰显大国地位。气候谈判高层峰会同样是各国元首的外交平台，签署协议还可以延续美国在《蒙特利尔破坏臭氧层物质管制议定书》建立的领导地位，甚至可以凭借领导地位来更改议定书，确立对自己有利的条款。之所以会“拂袖而去”，本书认为仍要从环境协议的签约动机加以分析。

首先，与日本在坎昆会议鼓噪要否决《京都议定书》一样，这些国家退出的根本动机来自经济利益考虑。一个国家的环境政策和环境表现并不是直接对应的，环境表现更多的是历史累积的结果，以碳减排为例，碳排放量与能源消费结构、人民的生产生活息息相关。作为负责任的国家，一旦签署了该协议就应该努力实现它，欧洲虽然是新能源使用比例最高的地区，但是在碳减排效果上也并不十分显著。能源结构和产业结构都相对比较高的发达国家减排况且如此困难，对于发展中国家来说减排就更加困难。正如布什总统所讲的，碳减排“这是一个需要全世界付出100%努力的问题”，甚至必须要付出经济代价，想要实现成本收益平衡都很困难。日本和美国的态度与当时的经济状况有很大关系。如图3.10所示，2001年美国参议院拒绝批准《京都议定书》，而2001年前后恰恰是美国经济不景气的几年，2001年更是跌到了谷底。日本的情况也类似，日本经济1998年以来一直处于非常低的经济增长水平，实际GDP增长率甚至是负值，在这一背景下日本要终止议定书是可以理解的。

其次，美国国内的反对呼声很高，有人认为美国不会因为产业界的压力而退出《京都议定书》。其实在美国历史上就曾发生过类似事件。在《蒙特利尔破坏臭氧层物质管制议定书》的执行过程中，美国政府以加州草莓的种植为借口申请了全球近90%的甲基溴豁免配额。产业界对美国政府的影响力不可低估。

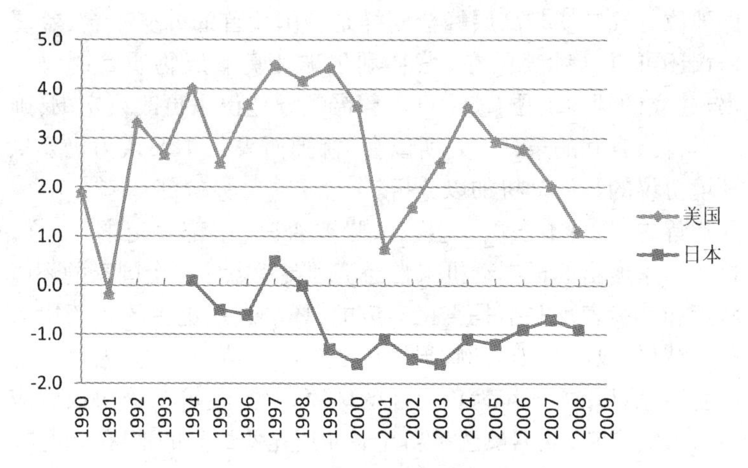


**图 3.10 美日两国实际 GDP 增速图**

(3)后续:坎昆会议

哥本哈根世界气候大会"雷声大,雨点小",各国都寄托于坎昆会议可以取得突破性成果。正如理论分析的那样,取得突破性成果的障碍巨大,留下的问题都是会切实地伤害到一国的经济发展和当代人的经济利益。虽然有各种各样的团体希望解决这一困难,但是正如贝特希尔(2007)所指出的,环境非政府组织和社会团体可以在环境谈判的早期起到作用,这种作用集中体现为大众认知和官方重视,但是一旦进入谈判的白热化阶段,经济利益往往会占据主导。当现在的经济模式仍然没有出现双赢格局的条件下,重大突破的可能性微乎其微。事实上也是如此。

坎昆会议最终达成了以下决议:

①《京都议定书》特设工作组应"及时确保第一承诺期与第二承诺期之间不会出现空当"。决议还敦促《京都议定书》"附

件一国家”(包括大部分发达国家)提高减排决心。

②在应对气候变化方面,“适应”和“减缓”同处于优先解决地位,《联合国气候变化框架公约》各缔约方应该合作,促使全球和各自的温室气体排放尽快达到峰值。决议认可发展中国家达到峰值的时间稍长,经济和社会发展以及减贫是发展中国家最重要的优先事务。

③发达国家根据自己的历史责任必须带头应对气候变化及其负面影响,并向发展中国家提供长期、可预测的资金、技术以及能力建设支持。决议还决定设立绿色气候基金,帮助发展中国家适应气候变化。

可以发现,决议并没有在《京都议定书》的道路上走得更远,虽然开始提及第二承诺期问题,但显然对于这一新任务,发达国家并没有兴趣达成共识。决议坚持了《公约》《京都议定书》和“巴厘路线图”,坚持了“共同但有区别的责任”原则,确保了 2011 年的谈判继续按照“巴厘路线图”确定的双轨方式进行。解振华表示,“从这次会议的气氛看,各国代表还是对南非会议充满了信心”。不过,信心不能与成功画上等号。国际社会需做出艰苦努力才能最终达成有约束力的法律文件,乃至完成“巴厘路线图”谈判。

(4)小结

《京都议定书》框架下的气候谈判不是一个气候问题这般简单,它同时还是经济问题、政治问题和社会问题。气候变化的不确定性是所有问题可以继续“维持”的基础。《蒙特利尔破坏臭氧层物质管制议定书》谈判中出现关于臭氧层破坏物质破坏程度的质疑也是如此。这种谈判的艰巨也是解决国际公共品问题的一个缩影,当一种利益不是一个行为个体可以自由掌控的时候就会出现“公地悲剧”。正如哈丁的牧羊人那样，人人都知道过度放牧会导致牧场枯竭，但是在当前情况下，对每一个体来说，增加羊的数量仍是利益最大化的。“公地悲剧”并不会如哈丁所设想的那样坏，因为危害也会加在每一个牧羊人的头上，边际收益也不会永远大于边际成本，一旦边际成本超过了边际收益，羊群的规模也就确定了，这离牧场枯竭还有一段距离。但现实中的“哈丁悲剧”又不可避免，因为当占有这一公共品存在时间延迟和非理性判断的时候，一拥而上的占有则一定会导致枯竭。气候谈判正是后一种形式，每个国家都意识到了环境问题的重要性和破坏性，但是又要发展经济，各国都在侥幸地认为“枯竭”不会太快降临，而悲剧可能已经不远了。气候谈判掺杂了太多的政治因素，而政治又离不开经济，最终的结果一定是政治、经济、气候折中的结果。

《京都议定书》的存废不在于形式而在于实质。不可否认，《京都议定书》在维护发展中国家发展权益方面值得敬佩，但是在机制设计上仍有欠缺。柯武刚（2007）认为，现在的全球性环境谈判模式不仅是错误的，也注定是失败的。自上而下的强制减排压制了企业家的创新精神。但对于排放权，每一个体都存在矛盾心理，一方面希望改善生存环境，另一方面又不希望自己的生活成本增加或福利减少。柯武刚认为气候变暖更像一个世界末日预言，但是人们忽视了创新精神和技术进步，忽视了应变能力，一味地强调强制性减排是霸权主义的体现。通过企业家的自由竞争，以碳能源为基础的能源结构一定会改变，人类的末日也不会出现。但是以柯武刚的观点，不论是碳税还是设立减排上限都违背了自由经济学，但是完全寄托于市场运行也同样不现实。本书仍然主张采取一个满足激励相容约束的制度，以科学事实为基础,以公平谈判获取排放配额。在一国范围内通过拍卖出售排放权,排放权在全球范围内自由交易的制度仍是最优的,一方面可以维护企业的创新动力,另一方面又可以避免政府层面的直接管制带来的寻租行为。

## 4.《京都议定书》框架下的政策模拟

《京都议定书》的艰难谈判,大国之间的相互推脱,南方对北方的无理指责,这些现象背后是经济利益的角逐和较量。《蒙特利尔破坏臭氧层物质管制议定书》的成功是机制设计的成功,更重要的是机制本身与协议相匹配,即《蒙特利尔破坏臭氧层物质管制议定书》首先制成一个“蛋糕”[①],然后才可以分配。而《京都议定书》正好相反,诺德豪斯等(2000)对仅包含排放权交易的《京都议定书》模拟结果发现,到2015年,不采用《京都议定书》的全球排放量是$7.89 \times 10^9$吨$CO_2$,采用《京都议定书》的排放量是$7.50 \times 10^9$吨$CO_2$。与此同时,全球经济净收益为$-59 \times 10^9$美元(以1990年美元计算)。在《京都议定书》框架下,除俄罗斯和转型经济体等少数国家外,美国、欧盟等都是负盈余。因此,找寻一个机制来改变这种负盈余的局面成为学术界的研究热点。一种观点认为应借鉴《蒙特利尔破坏臭氧层物质管制议定书》的框架,采用贸易关联的方式来增加加盟的收益,但这一关联需要巨额的顺差来弥补这一赤字,加上WTO等贸易条款的约束,实施起来困难很大;另一种观点认为把发展中国家引入进来,通过某种方法

---

① 巴勒特(1999)的模拟结果发现,该协议对大多数国家乃至全球整体而言都会带来净收益,以美国为例,参与该协议的净收益为$3554 \times 10^9$美元(1985年基期美元),而不参与的收益只有$1352 \times 10^9$美元。

在各国之间分配排放权(或盈余)。诺德豪斯是这一方案的坚决反对者,他认为这一分配本身缺乏效率,还可能带来与之相关的很多问题。他赞同采用碳税的形式来达到同一效果,但碳税的征收和使用同样面临巨大的实施障碍。

针对采用某种方法分配成本(或收益)的模拟方法很多,本书先进行简单的梳理和对比。总体看来,在发展趋势上,模拟模型的范围已经逐渐地从区域和国家向全球化过渡,为了不损失个体差异,包含区域特征的全球模拟成为一种新的潮流;在模拟使用的模型变量上逐渐从外生转为内生,考虑的因素也越来越多,模型也越来越复杂;模拟模型已经逐渐地从单一经济模拟转向经济、环境等多角度的综合模拟。为了不被过多的模拟方程所迷惑,本节选用一个精简模型(CLIMNEG)来说明模型的运作原理,如表 3.2 所示。①

① 详见 Kemfert and Kuckshinrichs(1995):MIS;Commission(1993):HERMES-MIDAS;Bahn, Barreto et al.(1997), Gielen and Kram(1998) and Manne and Wene(1994):MARKAL - MACRO;Gielen and Kram(1998);Kram(1998):ETSAP;Messner and Strubegger(1994):MESSAGE;Kouvaritakis, Soria et al.(2000):POLES;Capros(1996):PRIMES;Nordhaus(1993):DICE;Peck and Teisberg(1992):CETA;Batjes and Goldewijk(1994):IMAGE;Nordhaus and Yang(1996):RICE;Tol(1999):FUND;Manne, Mendelsohn et al.(1995):MERGE;Rutherford(1992):IIAM;Conrad(1993);Goulder(1995) and Goulder and Mathai(1999);Jorgenson and Wilcoxen(1993);Capros, Georgakopoulos et al.(1995):GEM E3;Böhringer(1997):NEWAGE;Welsch and Hoster(1995):LEAN;Babiker, Reilly et al.(2001):EPPA;Edmonds(1998):Minicam;Burniaux, Nicoletti et al.(1992):GREEN;McKibbin and Wilcoxen(1999):C-Cubed;Kemfert(2001):WAGEM;Bollen, Gielen et al.(1999):Worldscan;Barker and Zagame(1995):E3ME;MacCracken, Edmonds et al.(1999):SGM;Carraro and Galeotti(1996):WARM;Meyer(1998):Panta Rhei;Johan Eyckmans & Michael Finus(2007):CLIMNEG.

表 3.2　模拟模型对比表

| 模拟方法/研究对象 | 国内 | 欧盟 | 全球 | 区域—全球 |
| --- | --- | --- | --- | --- |
| 投入产出分析 | MIS(D),MEPA | | | |
| LP/NLP 模型(线性/非线性规划) | MARKAL, ETSAP, MESSAGE Ⅲ | HERMES-MIDAS, MARKAL | | IEA,MARKAL, POLES,PRIMES, CERT |
| IAM 模型(综合评估模型) | | ESCAPE | DICE,R&DICE, PRICE,SLICE, CETA | AIM,IMAGE, RICE,FUND, PAGE,MERGE, IIAM,ICAM, MINICAM, OXFORD, SGM,CLIMNEG |
| CGE/AGE(应用/可计算一般均衡模型) | Conrad(D), Bovemberg – Goulder(USA), Jorgeson – Wilcoxen(USA), NEWAGE-D | GEM-E3, NEWAGE-E, LEAN,ETAS | | ERM,EPPA, SGM,MS-MRT, G-TEM,GREEN, C-Cubed, WAGEM, Wordscan |
| 计量模型 | MDM(UK), Panta Rhei(D) | Quest,WARM, E3 – ME | | Panta Rhei (World) |

资料来源:Claudia KEMFERT. APPLIED ECONOMIC – ENVIRONMENT – ENERGY MODELING FOR QUANTITATIVE IMPACT ASSESSMENT. In:Amelung. Rotmans, Valkering: Integrated Assessment for Policy Modelling, 2003.

CLIMNEG 以诺德豪斯等(1996)的 RICE 模型为基础做了 4 个修正,其中前 3 个部分是精简。一是去除掉其中的贸易部分,减少考虑贸易条款带来的极为复杂的供给、需求讨论;二是精简其中的减排成本函数形式,将减排导致的直接成本和气候变化导致的间接成本由交叉项精简为连加项,即不存在交叉成本,仅仅是两个成本的简单加总;三是精简了效用函数形式,认为效用仅仅是消费的线性形式而不是凹函数形式;四是允许各地方采用不同的贴现率,因为贴现率在现实中的各国存在很大差异,与发展水平、开放程度等因素密切相关。他们把全球分为6个地区,即美、日、欧、中、俄以及其他地区。主要模拟方程如下:

$$
\begin{aligned}
&Y_{it} = Z_{it} + I_{it} + Y_{it}C_{it}(\mu_{it}) + Y_{it}D_i(\Delta T_t)\\
&Y_{it} = a_{it}K_{it}^{\gamma}L_{it}^{1-\gamma}\\
&C_{it}(\mu_{it}) = b_{i1}\mu_{it}^{b_{i2}}\\
&D_i(\Delta T_t) = \theta_{i1}\Delta T_t^{\theta_{i2}}\\
&K_{it+1} = (1-\delta_k)K_{it} + I_{it}, K_{it}, K_{i0} \text{ given}\\
&E_{it} = \alpha_{it}(1-\mu_{it})Y_{it}\\
&M_{t+1} = (1-\delta_M)M_t + \beta\sum_{i=1\cdots N}E_{it}\\
&F_t = \frac{4.1\times\ln(M_t)}{\ln(2)} + F_t^X\\
&T_t^0 = T_{t-1}^0 + \tau_3(T_{t-1}^a - T_{t-1}^0)\\
&T_t^a = T_{t-1}^a + \tau_1(F_t - \lambda T_{t-1}^a) - \tau_2(T_{t-1}^a - T_{t-1}^0)\\
&\Delta T_t = \frac{T_t^a}{2.5}
\end{aligned}
\tag{3.1}
$$

模拟方程(3.1)中,$Y_{it}$为地区$i$时间$t$的生产总额(GDP),以下说明省略对地区和时间的解释;$Z_{it}$为消费总额;$I_{it}$为投资总额;$K_{it}$为资本存量;$C_{it}$为单位减排成本;$D_{it}$为气候变化带来的单位GDP损害;$M_t$为大气碳密度;$\mu_{it}$为排放密度(单位产出排放率);$F_t$为辐射效应;$F_t^X$为外生辐射效应(太阳等);$T_t^0$为深海温度;$T_t^a$为大气温度;$\Delta T_t$为大气温度变化量。

以上方程并不包含消费者决策方程和生产者决策方程,以及消费者预算约束方程,这一方程组提供了研究经济、气候的一般框架,模拟流程如下:

a. 巴勒特(1997)等人的研究认为,全球仅可以存在一个环境组织,组织规模为 2 至 3 个国家,组织内国家作为一个联合体,组织外国家单独行动,组织内外国家之间对减排水平按照古诺博弈形式决策。

b. 假如各国均不参与环境组织,是一种完全古诺博弈的形式,计算各国的减排水平和各地区总效用水平,作为以下计算的基准(Benchmark)。

c. 巴勒特(1997)的研究认为组织规模为 2 至 3 个国家,故对 6 个地区排列组合,组织内国家为一个联合体参与全球古诺博弈,组织外国家单独博弈,分别计算在各种排列组合的组织内外国家排放量和效用水平。

d. 依据内部均衡和外部均衡条件判断各种排列组合的稳定性。内部均衡是指组织内的国家没有意愿退出组织,外部均衡是指组织外的国家没有意愿加入组织。

e. 加入成本分担或收益分担再次进行步骤 d 的计算。CLIMNEG 模型侧重于研究减排收益分担。收益来自组织内国家的合作,将收益定义为组织内国家在合作条件下的总效用减去不合作条件下的总效用,然后利用某种分配方式在组织内国家中分配这一收益。由于 CLIMNEG 模型不研究减排总量问题,故设定为收益分担还是成本分担并没有本质差别,因为最终分配的都是净收益。CLIMNEG 模型准备了 6 种分配方案,其实是人口、GDP、排放量之间的另一种排列组合,比如按照人均 GDP、人均排放量、单位 GDP 排放量、人口、GDP 等指标。假如指标为 $X$,共 3 个国家,则第一个国家的权重为 $a_1 = X_1/(X_1 + X_2 + X_3)$。

f. 开放签约与封闭签约。开放签约是指任何一个国家只要愿意加入该组织,那么它只要按照组织的规定实施减排就可以了,同样也可以享受组织“分红”。封闭签约则不同,组织规模一旦事前确定,任何一个国家希望加入该组织则必须由现有组织成员表决,只有所有成员均同意方可进入。在这一条件下,对e分别计算,加入封闭签约的限制实际上就减少了外部国家加入组织的可能,一定程度上增加了组织的外部稳定性。由此得到最终的模拟结果见表3.3。

**表3.3 分配方案均衡结果对比表**

| 组合 | 0 | 1 | 2 | 3 | 4a | 4b | 4c | 5 | 6 | 7 | 8 |
|---|---|---|---|---|---|---|---|---|---|---|---|
| EU, CHN, ROW | | | | | | | | | | X | |
| CHN, FSU, ROW | | XX | | | | | | | | | |
| JPN, CHN, ROW | | | | | | | | | | X | |
| USA, PSU, ROW | X | | | | | | | | | | |
| USA, JPN, ROW | X | | | | | | | | | | XX |
| EU, ROW | X | | | X | | X | X | X | X | | X |
| CHN, ROW | | | XX | XX | XX | XX | XX | | | | |
| JPN, FSU, ROW | X | | | X | X | X | X | | X | | X |
| USA, ROW | X | | | X | X | X | X | | X | | X |
| FSU, ROW | X | | | X | X | | X | XX | X | | |

注:X意味着在开放签约的条件下可以达到内外部均衡;XX意味着在封闭签约条件下内外部均衡。9种模式分别是:0为没有再分配政策,作为基准模型;1为各组织内成员平均分配;2为以人口分配;3为以人均排放量的倒数分配;4a、4b、4c为人均GDP的倒数指数 $\lambda_i = (GDP/POP)^{-\eta_i} / \sum_{i \in S} (GDP_i/POP_i)^{-\eta_i}$ 分配,其中 $\eta_i$ 分别为0.25,1,10;5为单位GDP排放量倒数分配;6为单位GDP排放量分配;7为人均排放量分配;8为按人均GDP分配。

表3.3的结果显示，在包含再分配的条件下，组织稳定下得到了很大的提升。图3.11中的大气碳密度显示，不采取任何措施条件下的碳密度最大（BAU），其次是均衡条件（NASH），最少的是社会最优条件（SO，全部加入组织）。第三条线相比第一条要平稳很多，建立合作组织比什么都不做要好很多。可以认为所有稳定均衡的组织形式一定介于第二和第三条线，局部均衡比完全古诺竞争要好。模型的缺陷也很明显，一是再分配权重和模型参数都是外省的，应该在简化的同时考虑分配的合理性和公平性；二是《京都议定书》的现实问题是排放权分配而不是构建组织，研究排放权分配模式对组织稳定性的实际意义更大。排放权分配实际上分配的是各国的发展空间，是新维度的“资源”约束，只不过这一资源是过去未曾考虑的“空气”。将排放权转化为要素约束进入模型，分析各国的发展路径，并考虑签约带来的潜在收益——技术垄断收益和环境改善收益。

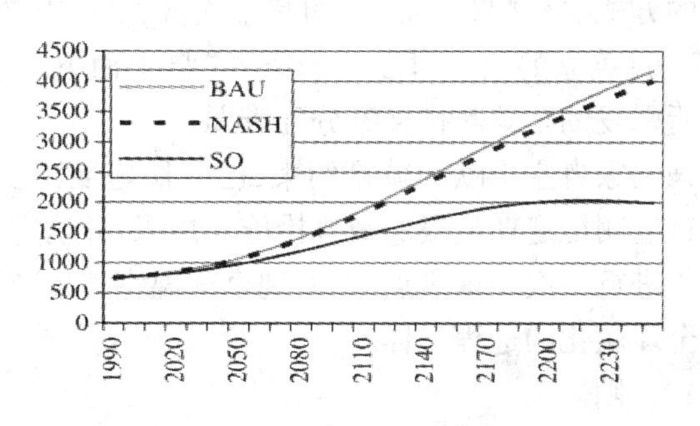


**图3.11　大气碳密度图**

# 第三节 《巴黎气候变化协定》

## 1.《巴黎气候变化协定》的概况

《巴黎气候变化协定》(以下简称《巴黎协定》)确定了三个目标:第一,把全球平均气温升高幅度控制在2℃之内,并为把升温幅度控制在1.5℃之内(以工业化之前的水平为基准)而努力;第二,提高适应气候变化不利影响方面的能力,同时以不威胁粮食生产的方式增强对气候变化的抗御能力,实现低碳化发展;第三,使资金的流动符合温室气体低排放和气候适应型发展的路径。同时,《巴黎协定》还明确了以"国家自主贡献"为基础的减排机制,充分考虑了不同国家的国情,体现了平等,并根据"共同但有区别的责任原则"和"各自能力原则",通过国家自主决定贡献的方式执行"自下而上"的减排义务,从而有效回避了《京都议定书》确立的只针对发达国家的"自上而下"的强制性减排义务所引发的全球减排义务分配难题。

为加强国家自主贡献的减排约束,巴黎协定明确要求各缔约方须履行透明可定期通报的减排措施与成果,并确定2023年开始每五年进行一次全球盘点,以实现全球温室气体减排,进而达到减缓全球暖化的进程目标。

(1)签署规模

截至2016年4月,全球160余个国家和地区已经正式提交了有关开展温室气体减排等气候行动的"国家自主贡献预案",其中包括全部发达国家缔约方、120余个发展中国家缔约方,占《公约》所有缔约方(196个)的80%。在目前的国家自主贡献预案中，超过80%的方案包括可量化的具体目标以及国家适应气候变化的预期行动。

(2)国家自主贡献预案[①]

《巴黎协议》要求各缔约方保证并通报包括减缓、适应、资金、技术、能力建设、行动和透明度等维度的努力，以确保各国在国家自主贡献预案的特征、信息覆盖面等方面具有相对一致性。但是，由于国家自主贡献预案的编制结构并无统一标准，目前已提交的160余份国家自主贡献预案的内容各有侧重，充分体现了各自的国情特点。

太平洋岛国帕劳的国家自主贡献预案主要侧重于减缓，以2005年为基准年(该国当年温室气体排放量约为8.8万吨二氧化碳当量)，时间框架为2020年至2025年，重点部门为能源(电力生产)、交通以及废弃物，主要目标是在2025年能源部门碳排放比2005年降低22%，可再生能源的比例达到45%，能源效率提高35%。

尼日利亚是非洲人口最多的国家和最大的经济体，该国的国家自主贡献预案则提出：以2010年至2014年为基准数据期年全面终止天然气燃烧(这是指当天然气没有销路时，将其在气田中焚烧的处理方法)；能效提高30%；2015年的单位实际GDP的二氧化碳当量排放为0.873千克，到2030年降低到0.491千克；人均二氧化碳排放当量到2030年维持目前的2吨水准(按照基准线情景，该国2030年的人均碳排放当量约为3.4吨)。

---

① 薛冰，黄裕普，姜璐，王婷，唐呈瑞.《巴黎协议》中国家自主贡献的内涵、机制与展望[J].阅江学刊，2016(4)：21－26.

印度是全球第三大碳排放国，印度的国家自主贡献预案特别声明印度是发展中国家的基本定位，强调印度依然有3.63亿人（占其总人口的30%左右）处于贫困状态，177万人无家可归，4.9%的人口处于失业状态；进而提出印度的减排目标是在国际支持下，到2030年实现单位GDP的碳排放强度比2005年降低33%～35%，非化石能源累计装机容量达到40%，到2022年增加17.5亿瓦的可再生能源生产能力，同时增加25亿～30亿吨的碳汇。

美国于2015年3月提交了国家自主贡献预案。该预案表示，到2025年，美国将在2005年的基础上减少26%～28%的温室气体排放量，尽最大努力实现减排28%的目标，并利用国际碳排放交易市场来实现该国2025年的减排目标。

作为金砖四国之一的巴西，其国家自主贡献预案的目标是在2005年的基础上，到2025年减少37%的温室气体排放量，到2030年减少43%的温室气体排放量，这是巴西首次承诺将从基准年开始实行绝对量的减排，而不是相对减排（单位GDP碳排放或者人均碳排放）。

作为拥有近14亿人口的全球最大发展中国家，中国是遭受气候变化不利影响最为严重的国家之一，同时中国目前及未来一段时期正处于新型工业化、新型城镇化的发展转型阶段，面临着调整经济结构、消除贫困、保护环境、应对气候变化等多重挑战。在如此复杂的形势下，中国应对气候变化自主行动目标是：在2030年左右二氧化碳排放达到峰值，并争取通过各种努力使达峰时间尽量提前；同时制定规划，到2030年实现单位国内生产总值二氧化碳排放比2005年下降60%～65%，非化石能源占一次能源消费比重达20%左右，森林蓄积量比2005年增加45

亿立方米左右。

## 2. 中国对《巴黎协定》的贡献①

2015 年底，习近平总书记在巴黎气候变化大会开幕式中发表了题为《携手构建合作共赢、公平合理的气候变化治理机制》的重要讲话，并在当年 9 月宣布设立中国气候变化南南合作基金的基础上，宣布将于 2016 年启动在发展中国家开展 10 个低碳示范区、100 个减缓和适应气候变化项目及 1000 个应对气候变化培训名额的合作项目。中国国家元首对于气候变化国际合作的积极与诚挚，赢得了广泛赞誉，也有力地巩固了应对气候变化的国际合作基石。

2015 年 6 月 30 日，我国向《联合国气候变化框架公约》秘书处提交了国家自主贡献文件。作为碳排放大国，我国提交的国家自主贡献文件为巴黎气候大会的成功举行注入了正能量。

同时，我国还与美国开展了富有成效的合作。2014 年 11 月、2015 年 9 月，中美先后发表了《中美气候变化联合声明》《中美元首气候变化联合声明》，中美两国元首宣布了两国在 2020 年后应对气候变化将采取的行动，并重申将致力于达成富有雄心的 2015 年协议。作为最大的发展中国家和最大的发达国家，中美两国的联手，共同促进了巴黎大会的成功举行。

此外，我国也与其他国家和集团积极进行合作。中国陆续

---

① 丁金光. 巴黎气候变化大会与中国的贡献[J]. 公共外交季刊，2016(1):41－47.

与印度、巴西、欧盟等国家和集团发表了关于应对气候变化的联合声明,为巴黎大会的成功准备了条件。

### 3.《巴黎协定》的主要内容

(1)主要目标

将全球平均气温升幅控制在工业化前水平以上低于2℃之内,并努力将气温升幅限制在工业化前水平以上1.5℃之内;提高适应气候变化不利影响的能力并以不威胁粮食生产的方式增强气候复原力和温室气体低排放发展;使资金流动符合温室气候低排放和气候适应型发展的路径。

(2)主要原则

公平原则,共同但有区别的责任原则,各自能力原则。

(3)减排路径

发达国家缔约方应起带头作用,努力实现全经济范围绝对减排目标,并每两年通报一次减排定量定质信息;发展中国家缔约方继续加强减缓努力,鼓励其根据不同国情逐渐转向全经济范围减排或限排目标。

(4)监督机制

凡加入《巴黎协定》的各缔约方需定期盘点履行情况,以评估实现协定宗旨和长期目标的集体进展情况(称为"全球盘点")。盘点将以全面和促进性的方式开展,考虑减缓、适应以及执行手段和资助问题,并顾及公平和利用现有的最佳科学。

规定自2023年起每5年进行全球全盘,各缔约方每5年通报一次国家自主贡献。成立一个由专家为主组成的委员会,以促进履行和遵守《巴黎协定》的规定。

（5）协定的生效

协定应在不少于55个《联合国气候变化框架公约》缔约方，共占全球温室气体总排放量的至少约55%的《公约》缔约方交存其批准、接受、核准或加入文书之日后第30天起生效。

# 第四章　什么影响了气候变化

## 第一节　温室气体排放的跨国实证分析[1]

### 1. 背景

进入21世纪以来，世界各地极端天气事件频繁发生，给各国造成了严重的损失。虽然还没有明确的证据证实气候变化是造成全球灾难频发的直接原因，但全球暖化导致冰川消融、海平面上升、永久冻土层融化、旱涝灾害增加、热浪出现已是不争的事实，现实世界的情况与联合国政府间气候变化专门委员会（IPCC）关于“全球变暖将会引发更多的、更剧烈的极端天气事件”的预测非常吻合。

IPCC的观测数据显示，1906年至2005年的100年间全球平均气温升高了0.74℃，1961年至2003年全球海平面每年上升了1.8毫米。IPCC预测，到21世纪末全球平均气温升高幅度可能是1.8℃至4℃，全球平均海平面会上升0.18米至0.59米，而造成这一趋势的原因“很有可能”（90%）是人类活动[2]。

---

① 本节部分内容发表于《中国人口科学》2012年第2期，文章名为《人口结构、城镇化与碳排放——基于跨国面板数据的实证研究》，作者为王芳、周兴。

② IPCC. 气候变化2007：综合报告[R]. 瑞士：日内瓦，2007：104.

根据 IPCC 第四次评估报告：全球二氧化碳浓度从工业革命前的 280 ppm 上升到了 2005 年的 379 ppm。2005 年大气二氧化碳浓度远远超过了过去 65 万年自然因素引起的变化范围(180 ppm ～300 ppm)。过去 10 年二氧化碳浓度增长率为 1.9 ppm/a，而有连续直接测量记录以来的增长率为 1.4 ppm/a。自 1750 年以来人类活动以 +1.6 $W/m^2$( +0.6～2.4 $W/m^2$)的净效应驱动气候变暖。

全球二氧化碳浓度的增加主要是由化石燃料的使用及土地利用的变化引起的，而甲烷($CH_4$)和氮氧化物浓度的增加主要是农业引起的。化石燃料燃烧释放的二氧化碳从 20 世纪 90 年代的每年 6.4 GtC(6.0～6.8 GtC)增加到 2000 年至 2005 年的每年 7.2 GtC(6.9～7.5 GtC)。在 20 世纪 90 年代，与土地利用变化有关的二氧化碳释放量估计是每年 1.6 GtC(0.5～2.7 GtC)。全球 $CH_4$浓度从工业革命前的 715 ppb 增加到了 2005 年的 1774 ppb。这一数据远远超过了过去 65 万年自然因素引起的变化范围(320 ppb ～790 ppb)。但是，其浓度增长率在 20 世纪 90 年代早期开始降低。全球氮氧化物浓度从工业革命前的 270 ppb 增加到了 2005 年的 319 ppb。其增长率从 20 世纪 80 年代以来基本上是稳定的。

近期气候变化的直接观测显示，全球大气平均温度和海洋温度均在增加，大范围的冰雪融化和全球海平面升高。在大陆、区域和海盆尺度上，已经观察到了大量的长期气候变化事实，包括北冰洋温度和冰的变化，降水、海洋盐度、风模式和极端气候方面大范围的变化。过去 50 年变暖趋势是每 10 年升高 0.13℃(0.10～0.16℃)，几乎是过去 100 年来的 2 倍。2001 年至 2005 年与 1850 年至 1899 年相比，总的温度升高了 0.75℃

(0.57～0.95℃)。

1961年以来,观测显示至少3000米深度以上的海水温度也在增加,并且海洋吸引了气候系统新增热量的80%以上。变暖导致海水扩张,引起海平面上升。全球海平面1961年到2003年每年平均上升1.8毫米(1.3～2.3毫米),而1993年到2003年每年平均上升3.1毫米(2.4～3.8毫米),20世纪上升估计值为0.17米(0.12～0.22米)。1978年以来北冰洋海冰范围平均每10年减少2.7%(2.1%～3.3%),夏季减少得更多,为7.4%(5.0%～9.8%)。

IPCC第四次评估报告对未来气候变化进行了预测,主要有以下几点:

(1)在未来20年,一系列特别情景排放报告(SRES)预测,每10年温度升高0.2℃。即便所有温室气体和气溶胶的浓度保持在2000年水平,全球温度每10年仍将升高0.1℃。

(2)温室气体浓度以目前的趋势增加,将引起进一步变暖问题,从而导致21世纪全球气候系统的更多变化,这些变化可能要比20世纪观测到的大得多。

(3)对变暖模式和其他区域尺度变化特征的预测将更有把握,包括风模式、降水、极端气候事件及冰的变化。

(4)即使温室气体浓度保持不变,由于与气候过程和反馈相关的时间尺度的存在,人类活动引起的变暖和海平面上升将会持续数个世纪。

(5)气温升高1℃,缺水的人口将增加4亿到17亿,有些传染病、过敏花粉症人群增加,有些两栖动物会绝迹。这种情形可能在2020年前后出现。

(6)气温升高2℃,缺水人口将达20亿,地球上20%到

30%的物种濒临灭绝,有更多人因营养不良、疾病、酷热或旱涝而死亡。根据燃烧石化燃料造成的温室气体排放量推算,这种情形可能在2050年前后出现。届时,欧洲阿尔卑斯山滑雪胜地有70%不再白雪皑皑。

(7)地表温度上升3.9～5℃,“全球人口将有1/5受洪水影响,11亿至32亿人缺水,全球出现大规模物种灭绝”。到2099年时,地球表面可能有2/3陆地面积极度干旱,摧毁田地和水资源,造成“环境难民”流离失所。

而在全球气候发生变化的同时,人类社会也发生着巨大的变化。2011年,地球迎来了第70亿个人类居民,人口规模快速扩张,且人口老龄化现象越来越严重。21世纪初世界人口有近6亿老年人,据美国人口调查局预测,到2050年,全球65岁以上人口将增至15.3亿,占全球人口的16%。与此同时,世界城市化进程加快,1800年全世界城市人口比重只有3%,到2008年全球人口中已有一半生活在城市。而人均土地面积从1900年的7.91万平方米锐减为2005年的2.02万平方米,预计到2050年人均土地面积将减少至1.63万平方米[①]。

一大部分发展中国家的人口已经很容易受到气候变化的影响,并居住在易受到气候变化和极端天气事件影响的边缘化地区[②]。而可预测到的今后的人口增长几乎都发生在发展中国家,受气候变化预期影响的人口规模也将不断扩大,而老龄化的

---

① James Kanter,武军.联合国发出关于人口和环境的“最后警告”[J].英语文摘,2008(1):44－46.

② 克莱夫·姆汤加,卡伦·哈迪.你与全球气候变化——全球二十余位顶尖级专家学者谈人类活动与全球气候变化的关系:气候变化《国家适应行动方案》中的人口和生殖健康[J].人口与计划生育,2011(5):62.

加剧,进一步增加了易受气候变化影响的脆弱人群比例。

为应对日趋严重的全球气候变化与人类自身发展面临的严峻挑战,旨在促使人类社会可持续发展、合理应对全球气候变化的国际间谈判与合作早在19世纪就已经开始。1853年布鲁塞尔召开了国际间首次正式合作的国际气象大会,会议统一了船舶测量标准,交流了气象信息,并成立了国际气象组织[①]。1972年联合国人类环境会议明确了二氧化碳是影响气候变化的重要因子[②]。1992年5月,联合国里约环境与发展大会通过了《联合国气候变化框架公约》,并于1994年3月21日第50个国家批准加入公约后生效,该公约第二条规定:“本公约以及缔约方会议可能通过的任何相关法律文书的最终目标是:根据本公约的各项有关规定,将大气中温室气体的浓度稳定在防止气候系统受到危险的人为干扰的水平上。这一水平应当在足以使生态系统能够自然地适应气候变化、确保粮食生产免受威胁并使经济发展能够可持续进行的时间范围内实现。”截至2009年,已有192个国家批准加入该公约。此后,于1997年12月11日在日本京都召开了缔约方第三次会议并通过了《京都议定书》,首次规定了针对发达国家具有法律约束力的减少温室气体排放的具体目标和时间表,尽管由于美国的退出,延迟了其生效时间,但议定书最终于2005年2月16日正式生效。2007年12月15日在印尼巴厘岛召开的第十三次缔约方会议通过了“巴厘岛路线

---

① D A Davis. The Role of the WMO in Environmental Issues[J]. International Organization, Vol. 26, No. 2, 1972:327 -336.

② M S Soroos. The Atmosphere as an International Common Property Resource. Global Policy Studies: International Interaction Toward Improving Public Policy[M]. MacMillan, London, 1991:120.

图”，要求所有发达国家都必须履行可测量、可报告、可核实的温室气体减排责任，将美国重新纳入旨在减缓全球变暖的未来新协议的谈判进程之中。此后，直至2011年11月28日在南非德班召开的《联合国气候变化框架公约》第十七次缔约方会议暨《京都议定书》第七次缔约方会议，均再未取得实质意义上的进展。

毋庸置疑，国际气候变化谈判是使世界各国相互合作、实现人类社会可持续发展、有效应对日益严峻的气候变化现状、维护生态和谐的最重要途径与必经阶段，而在现实情况中国际气候变化谈判是如此漫长和艰难。究其原因，未能在谈判中确立各方均可接受的、合理的、可度量的减排标准是极其重要的原因之一。当然，要在不同的经济发展水平、历史基础、社会体制、文化特征、政治立场的参与国际气候谈判的各方中找寻共通点，是极其困难的工作。为此，本书拟在以往研究的基础上，根据已掌握的数据，尝试以人类社会发展与气温变化相关的重要因素建立相关理论模型，并进行实验研究，从人口结构的角度切入，争取提出一个可能的解决路径，为促使国际气候变化谈判取得新进展提供一个可能的视角，并为政府决策者制定相关政策提供相应的理论支持。

## 2. 研究内容

通过对现有的相关理论分析与实证研究进行梳理与总结，从人口理论切入，对影响二氧化碳排放量的各因素做进一步的分析，并致力于以下内容的研究：

(1)确定人类经济社会中哪些宏观因素会造成二氧化碳排放量的增加，从而为实现减排目标确定范围。

(2)人口规模对二氧化碳排放量的影响已经被确认,人口城市化水平的提高也会影响碳排放量的变化,但较少研究能够回答人口的年龄结构、性别结构是否也会影响二氧化碳排放的问题。如果答案是肯定的,那么不同年龄、不同性别、不同区域的人口规模对二氧化碳排放量的影响是否一致?本书尝试了解人口的结构性变化对碳排放的影响机制及力度。

(3)大部分的研究致力于了解各影响因素对二氧化碳排放量的作用是正或是负,较少人关注这些影响的力量是否单一。譬如,人口总规模的持续扩张会持续增加碳排放量,而经济持续增长是否也会造成碳排放量的持续增加,抑或是当经济发展到一定规模后,经济的增长将降低碳排放量。若存在这类非单一影响的因素,本书尝试了解这些因素的作用机制与力度,为决策者制定相关政策提供可测度的依据。

(4)针对样本数据中各国不同经济发展水平、不同经济增长模式、不同人口规模与结构特点及其碳排放量的趋势,结合各国国情提出相应的减排重点与政策建议。

## 3. 文献回顾

(1)经济因素对碳排放的影响研究

在经济发展与二氧化碳排放量的关系研究中,许多是针对环境库茨涅兹曲线(EKC)的检验。譬如,沙菲克等[①](1992)的研究显示,1960 年至 1990 年 149 个国家的二氧化碳排放量与

---

① Shafik N, S Bandyopadhyay. Economic Growth and Environmental Quality: Time Series and Cross-Country Evidence[R]. Washington, DC: The World Bank, Backgroud Paper for the World Development Report, 1992.

人均收入存在正向的线性关系；弗里德尔等[①]（2003）则认为1960年至1999年的碳排放与人均实际GDP之间存在立方关系；马修等[②]（2003）、石等[③]（2003）、约克等[④]（2003）的研究均证实了EKC曲线的存在，但最高收入国家的人均收入还未达到转折点的收入水平。杜立民[⑤]（2010）通过对1995年至2007年中国29个省的人均二氧化碳排放量和排放总量进行面板数据分析后发现，在这期间中国的经济发展水平与人均碳排放量之间存在倒"U"形关系，环境库茨涅兹曲线在中国存在。

还有一些研究者致力于分析收入与碳排放之间的因果关系，如库恩都等[⑥]（2002）的研究发现，不同的国家引起碳排放增加的原因也不同，北美和西欧国家的碳排放促进了收入的增长，而美洲中南部国家、大洋洲国家和日本的收入增长促进了碳排

---

① Friedl B, M Getzner. Determinants of $CO_2$ Emissions in a Small Open Economy [J]. Ecological Economics, 2003,45(1):133－148.

② Matthew A, Cole. Development, Trade, and the Environment: How Robust is the Environmental Kuznets Curve? [J]. Environment and Development Economics, 2003,8:557－580.

③ Shi Anqing. The Impact of Population Pressure on Global Carbon Dioxide Emissions,1975－1996: Evidence from Pooled Cross-country Data[J]. Ecological Economics, 2003,44(1):29－42.

④ York R, E A Rosa, T Dietz. STIRPAT, IPAT and IMPACT: Analytic Tools for Unpacking the Driving Forces of Environmental Impacts [J]. Ecological Economics, 2003,46(3):351－365.

⑤ 杜立民. 我国二氧化碳排放的影响因素：基于省级面板数据的研究[J]. 南方经济,2010(11):20－33.

⑥ Coondoo D, S Dinda. Causality between Income and Emission: a Country Group-specific Econometric Analysis [J]. Ecological Economics, 2002, 40 (3): 351－367.

放的增加，亚洲其他国家和非洲国家的碳排放与收入增长之间则存在着双向的因果关系。

徐国泉等[①]（2006）采用对数平均权重 Divisia 分解法定量分析了 1995 年至 2004 年中国的经济发展与能源结构、能源效率等因素对中国人均碳排放的影响，认为 1995 年至 2000 年中国的人均碳排放处于降低阶段，而 2000 年至 2004 年处于急剧上升阶段。他们的分析结果显示经济发展对拉动中国人均碳排放的贡献率呈指数增长，而能源效率和能源结构对抑制中国人均碳排放的贡献率都呈倒“U”形。1995 年至 2004 年，中国人均碳排放的抑制作用主要来自能源效率的提高，而能源结构的调整对中国人均碳排放的影响作用不大，从而得到“能源效应对抑制中国碳排放的作用在减弱，以煤为主的能源结构未发生根本性变化，能源效率和能源结构的抑制作用难以抵销由经济发展拉动的中国碳排放量增长”的结论，并提出改善能源生产的消费结构、提高能源效率、加强相关技术领域的研发力度与国际合作等政策建议。

冯相昭等[②]（2008）利用修改后的 Kaya 恒等式对 1971 年至 2005 年中国的二氧化碳排放量进行了无残差分解，并结合宏观经济背景的变迁对从“四五”到“十五”计划期间的排放变化展开详细分析，研究结果表明经济的快速发展和人口的增长是中国碳排放增加的主要驱动因素，能源效率的提高有利于减少碳

---

① 徐国泉，刘则渊，姜照华．中国碳排放的因素分解模型及实证分析：1995—2004[J]．中国人口·资源与环境，2006(6)：158－161．

② 冯相昭，邹骥．中国 $CO_2$ 排放趋势的经济分析[J]．中国人口·资源与环境，2008(3)：43－47．

排放，而能源结构的低碳化则是降低碳排放水平的重要战略选择，最后提出加快产业结构调整、发展高能效技术和清洁燃料技术等减少碳排放的政策建议。

(2)人口因素对碳排放的影响研究

对于人口因素对碳排放的影响研究主要集中在人口规模、人口区域结构(城镇人口规模与占总人口比重)、人口老龄化(老年人口占总人口比重)、居民消费方式等方面。

伯索尔[①](1992)认为，一方面，更多的人口会导致更多的能源需求，而更多的能源消费导致更多的温室气体排放；另一方面，人口规模的迅速扩张致使森林遭到破坏，从而改变了土地利用方式等，这些都造成了碳排放量的增加。克纳普等[②](1996)进行了全球二氧化碳排放量与全球人口之间的因果关系检验，认为二者不存在长期协整关系，但全球人口是全球碳排放量增长的原因。

在城镇人口对碳排放的影响研究中，大多数的学者都同意人口城镇化率的提高会造成更多的二氧化碳排放。卡尔等[③](1990)对美国的研究显示，1901 年至 1984 年美国年平均温度序列中城市化的影响为 0. 12℃，而全球和区域平均气温的偏差很可能与城市热岛加热有直接关系，因而认为城市增温和人口

---

① Birdsal N. Another look at Population and Global Warming: Population, Health and Nutrition Policy Research[R]. Washington, DC: World Bank, WPS 1020, 1992.

② Knapp T, R Mookerjee. Population Growth and Global $CO_2$ Emissions[J]. Energy Policy,1996,24(1):31 -37.

③ Karl T R, Jones P D. Comments on "Urban bias in area averaged surface air temperature trends" Reply to GM Cohen[J]. Bulletin of the American Meteorological Society, 1990,71:571 -574.

之间存在明显的非线性关系。钟等[①](2004)通过对韩国数据进行分析发现,城市化和工业化是导致韩国50多年来平均气温升高的主要原因。任国玉等[②](2005)的研究表明,1961年至2000年的城市化引起中国年平均气温上升0.44℃,占全部增温的38%,城市化引起的增温速率为0.11℃/10a,城市化因素对中国地面平均气温记录具有显著影响。

在居民消费的影响研究方面,里斯、戴利和达钦争论说,多数的环境破坏既可以追溯到消费者的直接行为(如垃圾处理和汽车的使用),也可以追溯到他们的间接行为(如生产的产品必须要满足消费者的需求)[③];施佩尔等[④](1989)的分析显示消费者的行为能够影响45%~55%的能源消费总量;伦曾[⑤](1998)定量研究了澳大利亚的居民消费与二氧化碳排放量之间的关系。韦伯[⑥](2000)和金姆[⑦](2002)的研究显示居民的消费行为

---

① Chung U, Choi J, Yun J I. Urbanization effect on the observed change in mean monthly temperatures between 1951—1980 and 1971—2000 in Korea [J]. Climate Change,2004(66):127 -136.

② 任国玉,初子莹,周雅清,等. 中国气温变化研究最新进展[J]. 气候与环境研究, 2005(4):701 -716.

③ 刘兰翠,范英,吴刚,魏一鸣. 温室气体减排政策问题研究综述[J]. 管理评论,2005(10):46 -54.

④ Schipper L, Bartlett S, et al. Linking Life-styles and Energy use: a Matter of Time? [J]. Annual Review of Energy,1998,14: 271 -320.

⑤ Lenzen M. Primary Energy and Greenhouse Gases Embodied in Australian Final Consumption: an Input-output Analysis[J]. Energy Policy,1998,26(6):495 -506.

⑥ Weber Christoph, Perrels Adriaan. Modelling Lifestyle Effects on Energy Demand and Related Emission[J]. Energy Policy,2000,28:549 -566.

⑦ Kim JiHyun. Changes in Consumption Patterns and Environmental Degradation in Korea [J]. Structural Change and Economic Dynamics,2002,13:1 -48.

与生活需求是影响碳排放的主要因素。魏①(2007)通过对1999年至2002年中国城乡居民的消费行为对碳排放的影响分析发现,每年有30%的二氧化碳排放量是由居民直接消费产生的,而居民的间接能源消费是直接消费的2.44倍。朱勤等②(2010)从消费压力人口视角探讨了中国的碳排放问题,采用岭回归方法计量分析了人口、消费及技术因素对碳排放的影响,通过对中国1980年至2007年碳排放情况的实证分析,他们认为扩展的STIRPAT模型能较好地解释中国国情,居民消费水平、人口城市化率、人口规模三个因素对中国碳排放总量的变化影响明显。居民消费水平与人口结构变化对碳排放的影响力已高于人口规模变化的影响力,居民消费水平与消费模式等人文因素的变化有可能成为中国碳排放的新的增长点,而技术进步因素可能是未来中国减缓碳排放的有效途径。

蒋耒文③(2010)对以往致力于人口与气候变化之间关系的研究方法进行了总结与梳理,认为从多元相关分析模型(如IPAT理论框架、Kaya恒等式和STIRPAT模型)、数学模型到被广泛使用的整合评估IAM模型,都只考虑了人口总量对气候变化的影响,这样的分析隐含着所有人口个体都有着相同的生产和消费行为的假设,而此后的大量研究表明不同人口群体的生产和消费方式存在巨大差异,人口规模增长和家庭平均规模缩

---

① Wei YiMing, Liu LarrCui, Fan Ying, etc. The Impact of lifestyle on Energy Use and $CO_2$ Emission: An Empirical Analysis of China's Residents[J]. Energy Policy, 2007,35:247-257.

② 朱勤,彭希哲,陆志明,于娟. 人口与消费对碳排放影响的分析模型与实证[J]. 中国人口·资源与环境,2010(2):98-102.

③ 蒋耒文. 人口变动对气候变化的影响[J]. 人口研究,2010(1):59-69.

小对世界各地区温室气体的排放都有重要的影响。具体讨论人口构成变动的作用,则人口老龄化是影响发达国家温室气体排放的重要人口因素,而人口城市化则在发展中国家具有更重要的意义。他对家庭规模、人口老龄化与城市化等因素对温室气体排放的影响以及人口老龄化与技术变动的相对影响力进行分析后得出结论,认为人口变动对温室气体排放和气候变化的影响是客观存在的,这种影响不但在大气碳积聚的历史过程中发挥了重要作用,而且将对未来控制温室气体排放、减轻气候变化的程度、应对气候变化严重后果具有重要意义。

宋杰鲲[①](2010)运用主成分回归的方法进行计量分析,认为劳动年龄人口占人口总数的比例越大,二氧化碳排放量的增速反而会有所减缓;而李楠等[②](2011)的研究表明,1995 年至 2007 年,人口城市化、恩格尔系数、第二产业就业人口比重对中国的碳排放量有正向的影响,而人口规模与人口老龄化会减少碳排放。

(3)其他因素对碳排放的影响研究

除经济与人口因素外,国内外的学者们还从其他方面探讨了增加或抑制二氧化碳排放量的各因素。譬如有些学者认为一些新的技术,如整体煤气化联合循环(IGCC)技术(Pruschek et

---

① 宋杰鲲. 我国二氧化碳排放量的影响因素及减排对策分析[J]. 价格理论与实践,2010(1):37 – 38.

② 李楠,邵凯,王前进. 中国人口结构对碳排放量影响研究[J]. 中国人口·资源与环境,2011(6):19 – 23.

al. ,1997)[①]、风力发电技术(Holttinen et al. ,2004)[②]、生物质技术(Kumar et al. ,2003)[③]等,能够提高能源使用效率,提高对清洁能源的使用比例,从而可以减少二氧化碳排放总量。埃利希等[④](1999)的研究发现,技术进步并不是解决人口与经济增长所产生的环境问题的唯一途径,未来的技术进步对环境将产生积极的影响还是消极的影响尚无法确定,应通过制定政策引导技术向利于环境变化的方向改进。

道尔顿等[⑤](2007)采用敏感度分析方法,以4种不同的方案预测与能源使用强度和碳排放强度有关的技术进步和人口老龄化对未来二氧化碳排放量的相对影响力,结果表明技术变动的净影响在21世纪上半叶是增加碳排放,而人口老龄化的净影响是降低碳排放。因为技术进步会降低能源使用成本、提高能源使用效率,从而刺激能源消费总量的增加。但随着能源技术的进一步提高,能源使用强度和碳排放强度大幅度降低,最终仍会导致二氧化碳排放量减少。总体来看,在一定条件下,人口老龄化对碳排放和气候变化的影响比技术变动的影响更为显著。

---

① Pruschek R, G Haupt, et al. The Role of IGCC in $CO_2$ Abatement[J]. Energy Conversion and Management,1997,38(1):153 - 158.

② Holttinen H, S Tuhkanen. The Effect of Wind Power on $CO_2$ Abatement in the Nordic Countries[J]. Energy Policy,2004,32(14):1639 - 1652.

③ Kumar A, S C Bhattacharya, et al. Greenhouse Gas Mitigation Potential of Biomass Energy Technologies in Vietnam Using the Long Range Energy Alternative Planning System Model[J]. Energy,2003,28(7):627 - 654.

④ Ehrlich P R, G Wolff, et al. Knowledge and the Environment[J]. Ecological Economics,1999,30(2):98 - 104.

⑤ Dalton, Michael, Brian C, O'Neill, et al. Population Aging and Future Carbon Emissions in the United States[J]. Energy Economics,2008(30):642 - 675.

(4)对实现二氧化碳减排目标的研究

国内外的学者们不仅致力于准确找到导致二氧化碳排放的原因及其影响机制方面的研究,更关注如何促进国际气候谈判的顺利进行,以实现全球减少二氧化碳排放量、减缓全球气候变化的目标。

要实现全球碳减排目标,首先需要准确测量各国的碳排放量,以明确划分各国的责任。为此,许多研究者从国际贸易的角度出发,定量研究了贸易品的碳排放量。税等[①](2006)测算了贸易品在生产过程中的碳排放量,发现 1997 年至 2003 年中国出口至美国的商品累计产生了全国约7%～14%的碳排放量;王等[②](2007)的研究显示,2004 年中国的净出口碳排放约占全国碳排放总量的 23%;李等[③](2008)测算出英国在 2004 年因从中国进口商品而使其碳排放总量降低了近 11%;彼特斯等[④](2008)采用 GTAP 数据测算了 2001 年 87 个国家和地区的贸易品碳排放,发现贸易内涵排放(指的是由于商品的生产国与消费国不同,而产生了碳排放的归属争议,这部分蕴含在贸易品中的碳排放即称为贸易内涵排放)已占全球碳排放的 1/4 强,而

---

① Shui B, Harriss R C. The Role of $CO_2$ Embodimet in US-China Trade[J]. Energy Policy,2006(34):4063 - 4068.

② Wang T, Watson J. Who Owns China's Economic Growth, 1952 - 1999: Incorporating Human Capital Accountation[R] World Bank Working Paper,2006.

③ Li Y, Hewitt C N. The Effect of Trade between China and the UK on National and Global Carbon Dioxide Emissions[J]. Energy Policy,2008(36):1907 - 1914.

④ Peters G P, Hettwich E G. $CO_2$ Embodied in International Trade with Implications for Global Climate Policy[J]. Environmental Science and Technology,2008a(42):1401 - 1407.

中国的进口与出口碳排放分别占其国内实际碳排放总量的7%和24%；樊纲等[①]（2010）计算了1950年至2005年世界各国累积消费排放量，发现中国约有14%～33%（或超过20%）的国内实际碳排放是为了满足别国的消费，而大多数的发达国家，如英国、法国、意大利则与中国相反。在此基础上，他们提出应将“共同但有区别的责任”原则扩展为“共同但有区别的碳消费权”原则，并建议以1850年以来的（人均）累积消费排放作为国际公平分担减少二氧化碳排放量责任的重要指标。

朱勤等[②]（2011）站在中国的立场，通过构建人口—消费—碳排放系统动力学模式，对21世纪上半叶中国人口发展、经济增长、居民消费及二氧化碳排放量进行了动态仿真模拟。他们预测，在基准情景下，中国的人口规模将在2032年达到峰值14.6亿人，一次能源消费总量于2044年达到峰值63.6亿吨煤，碳排放总量则于2038年达到峰值31.3亿吨煤，到2050年中国的人均碳排放量约为2.2吨，低于日本、欧洲20世纪80年代以来的最低水平，居民消费碳排放的人均需求约为1.3吨，相当于美国居民20世纪90年代后期排放水平的1/5。从而，他们认为现阶段中国的节能减排不应寄希望于控制经济产出规模，而应着力于降低能源强度与优化能源结构，主要的政策调控手段可包括产业结构升级、提高非化石能源占能源消费总量的比重及改善能源利用效率等。他们得出“从满足人口发展与居

① 樊纲，苏铭，曹静．最终消费与碳减排责任的经济学分析［J］．经济研究，2010（1）：4－14.

② 朱勤，彭希哲，傅雪．我国未来人口发展与碳排放变动的模拟分析［J］．人口与发展，2011（1）：2－15.

民基本生活需求的角度争取合理的碳排放空间，是中国争取国际气候谈判话语权的有力支撑点”的结论。

赵白鸽[①](2010)则认为，实行计划生育是投入产出效益最高的减少二氧化碳排放量的方式之一。她在文章中引用联合国人口基金在2009年的报告，报告指出当前全球约有2亿已婚妇女的避孕需求没有得到满足，发达国家的意外怀孕率(约为41%)实际上要高于发展中国家(约为35%)。从全球来看，若满足所有的避孕需求可以减少全球340亿吨二氧化碳排放量。随后，她又引用了由最适宜人口信托基金(OPT)发布的英国伦敦政治经济学院学者的研究，该研究报告测算了各种减少二氧化碳排放量方案的成本，发现每减少1吨二氧化碳排放，基本的计划生育服务方案的成本是7美元，而综合的低碳技术将花费32美元。因此她认为，通过定量的计算和测量可以看出，计划生育是投入产出效益最高的减少碳排放量的方式之一。

(5)简要评述

随着全球气候变化程度的加剧，人类社会对气候变化问题越来越重视，IPCC于2007年发表的第四次全球气候变化评估报告显示，目前全球变暖的主要原因是人类活动造成的温室气体排放，其中二氧化碳的排放是影响气候变化的重要因子，因此学术界对引起二氧化碳排放量的原因以及减少碳排放的途径等方面的关注也在不断加强。

就影响因素方面来看，多数的研究都认为经济发展、能源消耗及能源结构、人口规模及人口结构变化(包括人口城市化、人口老龄化等)以及居民消费、技术进步等因素与二氧化碳排放

---

① 赵白鸽. 人口方案和应对气候变化[J]. 人口研究,2010(1):43-46.

量有显著的相关关系,且符号大多为正。在实现全球减排目标方面,研究者们更倾向于采用改善能源结构、控制人口规模等途径。

在分析方法上,指数分解法简单明确,且可根据分析的需要对分解恒等式进行一定程度的变化,但无法考虑非线性关系因素对碳排放量的影响;投入产出法可以进行详细的部分分析,但对数据的要求较高,无法完成对某些统计数据不完善的国家或部门的研究;计量经济分析方法相对灵活,时间序列与面板数据模型都对研究各因素与碳排放量之间的关系提供了较好的技术支持。本书在接下来的实证分析中也将采用面板数据模型的计量分析方法。

需要指出的是,在分析人口结构变化与二氧化碳排放量之间关系的文献中,大多数的研究都假设人口城乡结构、人口年龄结构、人口性别结构等因素与二氧化碳排放量只存在线性关系,要么只会促进碳排放量的增加,要么只会引进碳排放量的减少,而这显然是不现实的。在接下来的分析中,本书将致力于完成这一部分的检验,以明确人口结构变化对碳排放的影响机制,就人口因素对碳排放量的影响研究做进一步的深入与扩展。

## 4. 现状描述

(1)概念界定

本书从人口理论的角度切入,探讨各国对全球气候变化的责任,并实证计量各因素对二氧化碳排放量的影响,在开始分析之前,需要明确界定以下几个概念:

①气候变化:根据政府间气候变化专门委员会(IPCC)的定义,气候变化是指无论基于自然变化抑或是人类活动所引致的

任何气候变动;而《联合国气候变化框架公约》定义的气候变化,是指经过一段相当时间的观察,在自然气候变化之外由人类活动直接或间接地改变全球大气组成所导致的气候改变。根据IPCC的评估,全球气候变化有90%可能是由于人类活动造成的,因此这两个概念并不矛盾。本书将气候变化定义为,气候在一段相当时间内偏离其平均状态的情况。目前的科学研究已经证实,包括二氧化碳在内的各种温室气体的排放,这是造成气候变化的主要原因,而人类的活动以及对化石能源的消耗排放了大量的二氧化碳。

②二氧化碳排放量:根据世界银行的解释,二氧化碳排放量是化石燃料燃烧和水泥生产过程中产生的排放。它们包括在消费固态、液态和气态燃料以及天然气燃除时产生的二氧化碳。

③能源消费:这是指一国生产和生活所消耗的能源总和。本书所指的能源消费特指初级能源在转化为其他最终用途的燃料之前的使用量,以国内产量加上进口量和存量变化,减去出口量和供给从事国际运输的船舶和飞机的燃料用量所得的值作为各国能源消费总量。

④GDP:国内生产总值,是指一个经济体内所有居民生产者创造的全部最终产品和劳务的价值。这是国际上惯常用以衡量一个经济体的经济状况的最佳指标,不仅可以反映一个国家的经济表现,更可以反映一国的国力与财富。

⑤人口规模:这是根据一个国家内居住的所有居民计算得到,无论他们是否拥有合法身份或公民身份,即人口规模指的是一个国家中实际存在的人口数量。

⑥人口结构:这是指将人口以不同的标准划分而得到的各个人群占总人口的比重。根据不同划分标准,人口结构包括人

口年龄结构、人口性别结构和人口城乡结构等。

（2）数据介绍

本书的数据均来自世界银行官网公布的统计数据。其中，二氧化碳排放量由美国田纳西州橡树岭国家实验室环境科学部二氧化碳信息分析中心提供；GDP、工业增加值等来自世界银行国民经济核算数据，以及经济合作与发展组织国民经济核算数据文件；能源使用、能源结构等由国际能源机构提供；土地面积、森林面积等数据来自联合国粮农组织及其电子文件和网站；人口数据来自联合国人口司、《世界人口展望：2008 年修订本》、纽约联合国经济和社会事务部，人口比例数据由世行人员根据普查报告、联合国人口司的《世界人口前景》、各国统计局、国家机构进行的住户调查以及宏观国际等各方面的资料进行估算。

为使实证研究更加客观、清晰，选取了 1961 年至 2010 年不同地区、不同经济发展水平的 9 个国家数据，即中国、日本、印度、英国、罗马尼亚、埃及、澳大利亚、美国、巴西。

按地区划分，样本数据中亚洲国家 3 个（中国、日本、印度）、欧洲国家 2 个（英国、罗马尼亚）、美洲国家 2 个（美国、巴西）、非洲国家 1 个（埃及）、大洋洲国家 1 个（澳大利亚）。

按收入水平划分，样本数据中高收入国家 4 个（美国、日本、英国、澳大利亚）、中上等收入国家 3 个（中国、巴西、罗马尼亚）、中下等收入国家 2 个（印度、埃及）。

（3）各国碳排放与人口情况描述

①各国的年度数据比较

对样本数据进行整理后得到各国的二氧化碳排放量、人口规模、GDP、能源消费总量以及人口结构变化，如表 4. 1 所示。

表 4.1 各国主要数据变化表

| | | 美国 | 日本 | 英国 | 澳大利亚 | 中国 | 巴西 | 罗马尼亚 | 印度 | 埃及 |
|---|---|---|---|---|---|---|---|---|---|---|
| 二氧化碳排放总量（亿吨） | 最大值 | 55.95 | 12.60 | 6.61 | 3.99 | 70.32 | 3.93 | 2.14 | 17.43 | 2.10 |
| | 最小值 | 28.81 | 2.83 | 5.23 | 0.91 | 4.33 | 0.49 | 0.56 | 1.30 | 0.17 |
| | 平均值 | 46.75 | 9.49 | 5.81 | 2.40 | 23.23 | 2.01 | 1.34 | 6.35 | 0.75 |
| GDP（万亿美元） | 最大值 | 14.59 | 5.46 | 2.81 | 1.04 | 5.93 | 2.09 | 0.20 | 0.71 | 0.22 |
| | 最小值 | 0.54 | 0.21 | 0.12 | 0.03 | 0.05 | 0.02 | 0.03 | 0.01 | 0.00 |
| | 平均值 | 5.46 | 2.81 | 1.06 | 0.29 | 0.86 | 0.44 | 0.07 | 0.15 | 0.05 |
| 人均 GDP（万亿美元） | 最大值 | 4.72 | 4.28 | 4.61 | 4.83 | 0.44 | 1.07 | 0.93 | 0.15 | 0.27 |
| | 最小值 | 0.29 | 0.20 | 0.22 | 0.23 | 0.01 | 0.02 | 0.11 | 0.01 | 0.01 |
| | 平均值 | 2.03 | 2.25 | 1.79 | 1.60 | 0.07 | 0.27 | 0.31 | 0.04 | 0.08 |
| 二氧化碳强度（吨） | 最大值 | 2.79 | 3.10 | 3.71 | 3.40 | 3.46 | 1.80 | 3.14 | 2.82 | 3.17 |
| | 最小值 | 2.39 | 2.30 | 2.41 | 2.77 | 2.24 | 1.39 | 2.40 | 1.32 | 2.35 |
| | 平均值 | 2.59 | 2.69 | 2.87 | 3.10 | 2.87 | 1.60 | 2.81 | 2.11 | 2.80 |
| 能源消费总量（亿吨） | 最大值 | 23.37 | 5.22 | 2.26 | 1.31 | 22.57 | 2.49 | 0.70 | 6.76 | 0.72 |
| | 最小值 | 10.31 | 0.91 | 1.59 | 0.33 | 3.92 | 0.70 | 0.34 | 1.56 | 0.08 |
| | 平均值 | 18.37 | 3.68 | 2.04 | 0.79 | 9.58 | 1.50 | 0.51 | 3.40 | 0.33 |
| 单位能源创造 GDP（美元） | 最大值 | 6.53 | 8.71 | 11.04 | 6.60 | 4.05 | 8.40 | 8.87 | 5.66 | 6.57 |
| | 最小值 | 1.53 | 2.85 | 2.37 | 1.93 | 0.46 | 4.16 | 1.26 | 1.58 | 3.31 |
| | 平均值 | 3.80 | 5.87 | 6.01 | 4.06 | 1.91 | 5.99 | 3.31 | 3.10 | 4.72 |
| 人口规模（亿人） | 最大值 | 3.09 | 1.28 | 0.62 | 0.22 | 13.38 | 1.95 | 0.23 | 11.71 | 0.81 |
| | 最小值 | 1.84 | 0.95 | 0.53 | 0.10 | 6.60 | 0.75 | 0.19 | 4.44 | 0.29 |
| | 平均值 | 2.43 | 1.17 | 0.57 | 0.16 | 10.45 | 1.36 | 0.22 | 7.87 | 0.52 |

续表

| | | 美国 | 日本 | 英国 | 澳大利亚 | 中国 | 巴西 | 罗马尼亚 | 印度 | 埃及 |
|---|---|---|---|---|---|---|---|---|---|---|
| 城镇人口比重（%） | 最大值 | 82.30 | 66.80 | 90.10 | 89.10 | 44.90 | 86.50 | 54.60 | 30.10 | 43.90 |
| | 最小值 | 70.38 | 43.96 | 77.10 | 81.90 | 16.32 | 45.98 | 34.90 | 18.08 | 38.46 |
| | 平均值 | 75.73 | 59.38 | 85.63 | 85.90 | 26.33 | 69.44 | 47.73 | 24.10 | 42.65 |
| 少年人口比重（%） | 最大值 | 30.87 | 29.26 | 24.08 | 30.18 | 40.26 | 43.62 | 27.97 | 41.73 | 44.23 |
| | 最小值 | 20.08 | 13.36 | 17.37 | 18.99 | 19.46 | 25.45 | 15.18 | 30.59 | 31.53 |
| | 平均值 | 23.81 | 20.20 | 20.63 | 24.22 | 31.53 | 35.83 | 22.73 | 37.81 | 40.01 |
| 老年人口比重（%） | 最大值 | 13.06 | 22.69 | 16.59 | 13.45 | 8.19 | 7.00 | 14.92 | 4.92 | 5.03 |
| | 最小值 | 9.25 | 5.82 | 11.80 | 8.35 | 3.70 | 3.19 | 6.90 | 3.03 | 3.24 |
| | 平均值 | 11.42 | 11.95 | 14.72 | 10.57 | 5.65 | 4.56 | 10.82 | 3.78 | 3.82 |

注：表中数据根据世界银行官网公布资料整理而得。

大部分国家的碳排放总量都呈现随时间而持续上升的态势，美国与日本在近五年略有下降（美国的最大碳排放量是2005年时的55.95亿吨，日本的最大碳排放量是2004年的12.60亿吨）。比较特殊的是英国与罗马尼亚：英国的最大碳排放6.61亿吨是在1973年时产生的，自20世纪80年代以后，一直稳定在5亿吨至6亿吨的区间内；而罗马尼亚的最大碳排放量是1989年产生的，有明显的先上扬后下降的趋势。

由图4.1可见，中国已超越美国成为二氧化碳排放总量第一大国，且上升速率非常快，虽然在1996年一度下降，但随后以更快的速度上升。进入21世纪后，另一个人口大国印度也超过了日本的二氧化碳排放总量。由1961年的初始值来看，美国远超过其他各国，且始终处于上升趋势，仅在2005年后略有下降。

而日本的二氧化碳排放量则较为平稳,自 1994 年以来一直保持在 12 亿吨左右的水平,只在近年稍有减少。

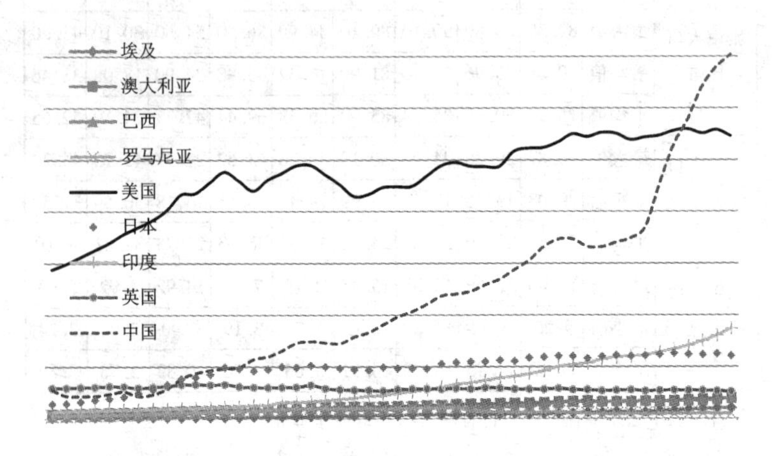


**图 4.1 各国历年二氧化碳排放总量比较图**

各国的经济总量均随时间而持续扩张,只有英国与罗马尼亚的 GDP 及人均 GDP 的最大值分别是在 2007 年与 2008 年创造的,此后的 2 年至 3 年有明显衰退。样本数据中,人均 GDP 的最大值是由澳大利亚在 2010 年创造,为 4.83 万亿美元;GDP 的最大值 14.59 万亿元则是由美国在 2010 年创造的。

与碳排放、GDP 的变化趋势相类似,罗马尼亚能源消费总量的最大值是在 1988 年产生的,有明显的先扬后抑的趋势;英国的能源消费最大量是在 1996 年产生的,之后一直维持在最高值附近;美国与日本的最大值则分别是在 2007 年和 2004 年产生的,此后略有下降。其他各国的能源消费总量均随时间而增加。

在样本数据中，各国的人口规模也有明显随时间而扩张的态势。不同的是，罗马尼亚的最大人口规模出现在1990年，此后一直处于负增长状态；日本的人口负增长出现在2006年，在2005年达到最多的1.28亿人之后，人口规模略有减小。

此外，各国的人口城镇化率均不断上升，只有埃及与众不同，在1980年至1985年连续达到43.90%之后，此后始终维持在42%～43%之间。

各国人口年龄结构的变化趋势高度一致，老年人口比重持续上升、少年人口比重持续下降，各国的老龄化最大值与少年人口比重最小值均在2010年出现。可见，生育率下降与人口老龄化是全球一致的趋势。

总体来看，除罗马尼亚的情况较为特殊外（考虑到该国相对于整体样本数据的异常表现，在进行基本计量回归后尝试予以剔除，以检验异常样本点对实证分析的影响），大部分国家的趋势较为一致。在各年度中，最大碳排放量是由中国在2010年产生的；GDP、人均GDP与能源消费总量的最大值是美国创造的；最大的二氧化碳强度和最高的人口城镇化率出现在英国；人口规模最大的是中国；日本的老龄化最为严重。

②各国的累积总量及平均量数据比较

自1961年至2008年，世界各国碳排放总量均呈逐年上升趋势。如图4.2所示，从$CO_2$排放总量的历年累计值和平均值来看，美国的$CO_2$排放量显著高于其他国家，中国位于第二，日本、印度、英国的排放量略低于美国、中国，但明显高于其他四国。在样本数据里的碳排放大国中，中国与印度是发展中的人口大国，美国、日本、英国则是发达的经济总量大国。

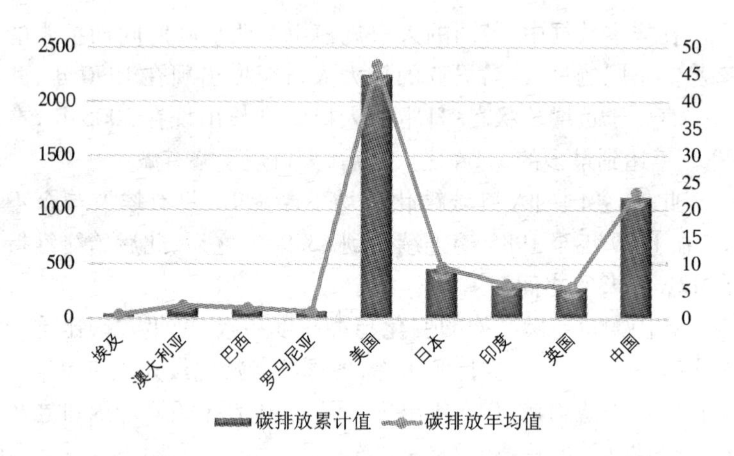


**图 4.2 各国二氧化碳排放累计总量比较图**

如图 4.3 所示，从人均 $CO_2$ 排放量来看，美国仍高于其他各国，澳大利亚、英国与日本等发达国家紧随其后；罗马尼亚的人均碳排放量略低于日本，而远高于其他各国；中国、巴西、埃及与印度等发展中国家则明显少于上述各国。可见，人均 $CO_2$ 排放量与经济发展水平显然有极强的相关性。

进一步做各国的碳排放总量与 GDP、人口规模及能源消耗总量的复合图，如图 4.4 所示。由各国的图形可知，各国 GDP 与人口规模的增长和碳排放总量的增长趋势一致，而能源消费总量与碳排放总量则高度重合。

从直观上来看，碳排放的重要来源仍然是对能源（尤其是碳排放强度高的化石能源）的消耗，减少碳排放的首要条件应该是提高能源使用的效率，减少能源消费总量，尤其是要改善对化石能源的高依赖现状（目前除巴西与印度外，各国的化石能源消费均占能源使用总量的 87% 以上），进一步提高清洁能源占能源消费总量的比例，鼓励优先使用清洁能源。

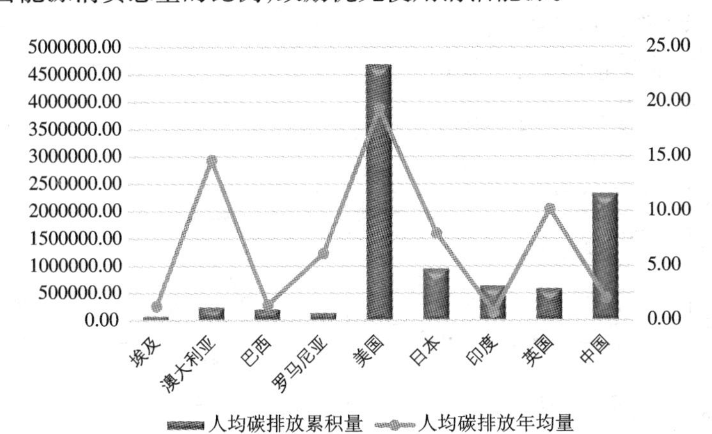


图 4.3　各国人均二氧化碳排放量比较图

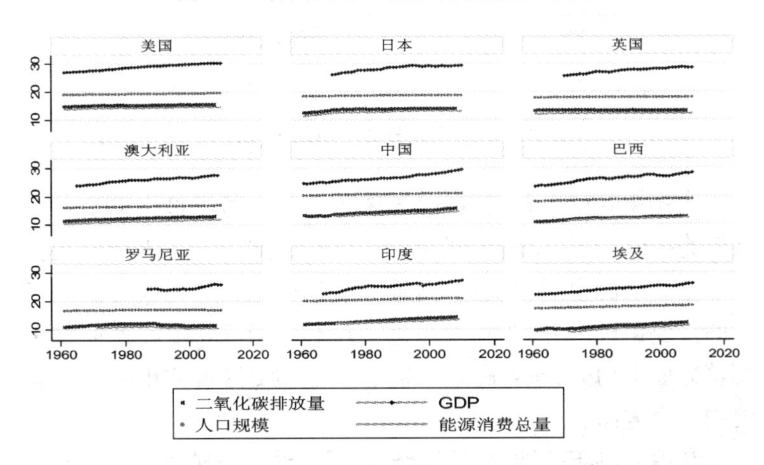


图 4.4　各国二氧化碳排放量、人口规模、GDP 及能源使用总量趋势图
（均取对数）

图 4.5 显示，各发达国家的工业比重逐年下降，其他发展中国家（除罗马尼亚和巴西外）的工业比重则呈上升趋势，与二氧化碳排放量的上升趋势相较，各国工业增加值占 GDP 的比重与之相关性并不十分明显。

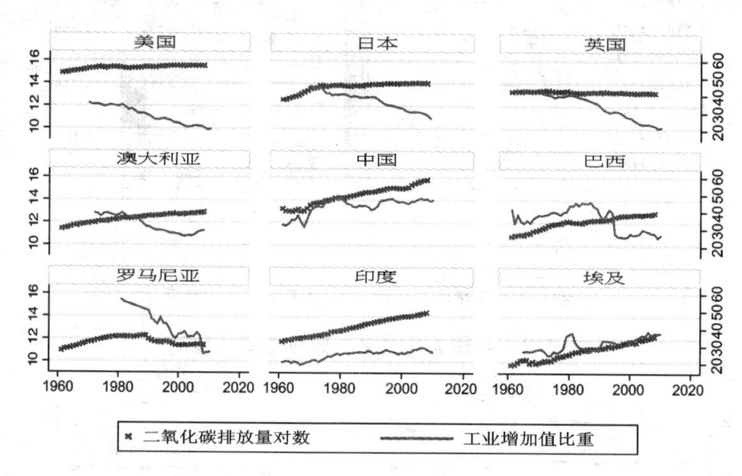


**图 4.5 各国二氧化碳排放量与工业增加值占 GDP 比重图**

由图 4.6 可以看出，各国的碳排放量与居民最终消费的趋势较为一致，尤其是澳大利亚、中国、巴西、印度与埃及表现得更为明显。居民生活、交通中的碳排放量也是二氧化碳排放总量中的重要组成部分，要实现减排、节能，各国不仅要在产业结构调整方面下功夫，建立高效节能的生活和交通模式也是非常重要的一个方面。

考虑人口年龄结构、性别结构、城乡结构与碳排放是否有类似的趋势，绘制各国历年的二氧化碳排放量（取对数）与其国内女性人口比重、老年人口比重、城镇人口比重比较图，如图 4.7

所示。从图中可见,除美国与中国外,其他各国的二氧化碳排放量与人口老龄化趋同,而与城镇人口比例相差甚远。特别是美国、日本、英国、澳大利亚4个发达国家,早在其完成工业化的进程中实现了高城镇化率(数据中城镇人口比例是通过城镇化率计算得来,因而在这里可以等同于城镇化率),从而发达国家的城镇人口比例远远高于其他发展中国家,因此图中各发达国家的碳排放量增长与人口城镇化的变化未显示出较为一致的趋势。

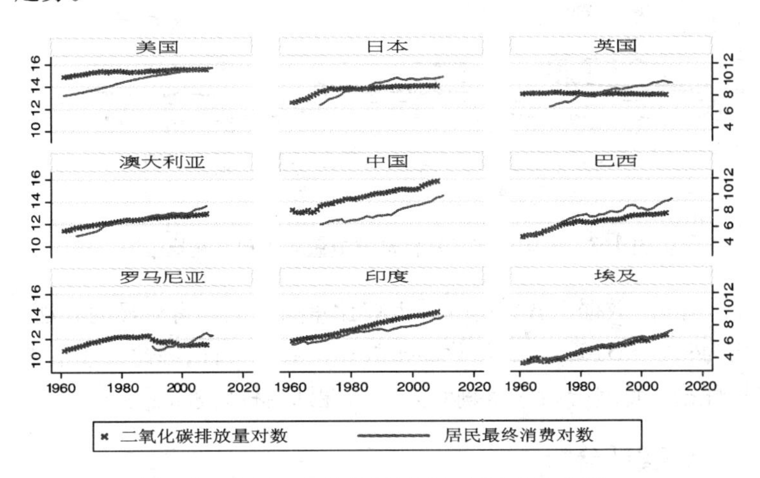


**图4.6　各国二氧化碳排放量与居民最终消费图**

与其他国家不同,美国的碳排放量远高于其人口老龄化的变化,而低于其城镇化率。中国的二氧化碳排放量则与老龄化的关系并不明显,而与城镇化趋于一致。从图形上看,中国的碳排放与城镇化趋势在1980年至2000年几乎重合,2000年后碳排放量的增加则明显高于城镇化。可见,中国的城市化发展是高碳排放的发展模式，在今后的发展中应重视低碳城市化的政策制定与技术发展。

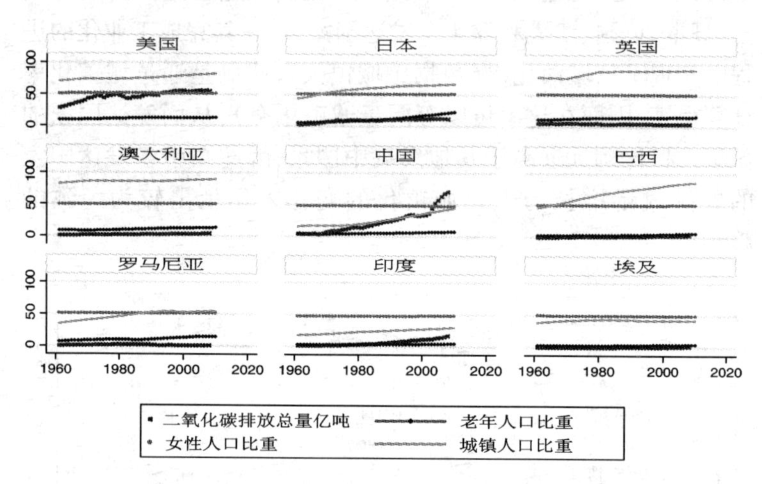


**图 4.7　各国历年二氧化碳排放量与人口结构比较图**

此外，数据中各国的女性人口比重历年来没有明显的波动，均为48%～51%，与二氧化碳排放量没有相关性，因此在接下来的理论与计量分析中将剔除人口的性别结构因素。

## 5. 实证分析

(1)计量模型介绍

Kaya 恒等式由日本学者茅阳一提出，用以表示碳排放与人口规模、GDP、能源消耗之间的关系。具体可以表述如下：

$$CO_2 = POP \times \frac{GDP}{POP} \times \frac{PE}{GDP} \times \frac{CO_2}{PE} \tag{4.1}$$

其中，$CO_2$ 为二氧化碳排放总量，POP 为人口规模，GDP 为国内生产总值，PE 为一次能源消耗总量。$\frac{GDP}{POP}$为人均国内生产总值，$\frac{PE}{GDP}$为单位 GDP 的能源消耗，$\frac{CO_2}{PE}$为单位能源消耗所产生的碳排放量。

为更加清晰人口结构对碳排放量的影响，本书将 Kaya 恒等式中 POP 分解为人口年龄结构、人口区域结构等因素，由于前文的数据整理发现各国历年的人口性别结构较为一致，没有变化，因而在之后的分析中不再将人口性别结构纳入研究。分解后的 Kaya 恒等式可作如下表述：

$$CO_2 = POP(age, urban) \times \frac{GDP}{POP(age, urban)} \times \frac{PE}{GDP} \times \frac{CO_2}{PE} \tag{4.2}$$

其中，age 为人口年龄结构，包括劳动年龄人口比（即 15 岁至 64 岁人口数占人口总数的比例）、14 岁及以下少年人口比例、65 岁及以上老年人口比例；urban 为人口区域结构，包括城镇人口比与农村人口比。

以 GDPP 代替$\frac{GDP}{POP}$，以 EGDP 代替$\frac{PE}{GDP}$，以 $CO_2Q$ 代替$\frac{CO_2}{PE}$，分别表示人均 GDP、单位 GDP 的能源消耗以及二氧化碳排放强度。同时，为缓解数据的异方差问题，消除变量中的波动趋势，对各变量取对数，得到弹性关系的等式：

$$\ln CO_2 = \ln POP(age, urban) + \ln GDPP + \ln EGDP + \ln CO_2Q \tag{4.3}$$

在此基础上，可建立以下计量模型：

$$\ln CO_{2it} = f(P_{it}, G_{it}, E_{it}) + u_{it} \tag{4.4}$$

其中,P为包括人口年龄结构、城乡结构等在内的人口因素;G为包括产业结构、国内生产总值、居民消费支出等在内的经济因素;E为包括能源消费结构、消耗总量等在内的能源因素;$u$为误差项;$i=1,2,\cdots,9$代表九个国家;$t=1961,1962,\cdots,2010$代表样本时间。

具体而言,本书选取如下变量:

①二氧化碳排放量:这是化石燃料燃烧和水泥生产过程中产生的排放。它们包括在消费固态、液态和气态燃料以及天然气燃除时产生的二氧化碳。

②二氧化碳强度:固态燃料消耗产生的二氧化碳排放量主要指煤炭作为能源使用所产生的排放量。

③GDP:以购买者价格计算的GDP是一个经济体内所有居民生产者创造的增加值的总和加上任何产品税,减去不包括在产品价值中的补贴。计算时未扣除资产折旧或自然资源损耗和退化。GDP的美元数据采用单一年份官方汇率从各国货币换算得出。对于官方汇率不反映实际外汇交易中所采用的有效汇率的少数国家,采用的是替代换算因子。数据按现价美元计。

④人均GDP:这是国内生产总值除以年中人口数。GDP是一个经济体内所有居民生产者创造的增加值的总和加上产品税,减去不包括在产品价值中的补贴。计算时未扣除资产折旧或自然资源的损耗和退化。数据按现价美元计。

⑤工业增加值占GDP的百分比:其中包括采矿业、制造业、建筑业、电力、水和天然气行业中的增加值。增加值为所有产出相加再减去中间投入得出的部门的净产出。这种计算方法未扣除装配式资产的折旧或自然资源的损耗和退化。增加值来源是

根据《全部经济活动国际标准行业分类》(第3版)确定的。

⑥居民最终消费支出:这是指居民购买的所有货物和服务(包括耐用品,例如汽车、洗衣机、家用电脑等)的市场价值。不包括购买住房的支出,但包括业主自住房屋的估算租金,也包括为取得许可证和执照向政府支付的费用。此处居民消费支出包括为居民服务的非营利机构的支出。数据按现价美元计(单位:亿元)。

⑦一次能源使用量:这是指初级能源在转化为其他最终用途的燃料之前的使用量,等于国内产量加上进口量和存量变化,减去出口量和供给从事国际运输的船舶与飞机的燃料用量所得的值(单位:千吨石油当量)。

⑧单位能源消耗所创造的 GDP(受数据所限,取 EGDP 的倒数为解释变量,以下简称单位能耗 GDP):这是指平均每千克石油当量的能源消耗所产生的按购买力平价计算的 GDP。按购买力平价(PPP)计算的 GDP 是指用购买力平价汇率转换为按现价国际元计算的国内生产总值。国际元对 GDP 的购买力相当于美元在美国的购买力。

⑨总人口规模:这是根据约定俗成的人口定义确定的,计算所有的居民,无论他们是否拥有合法身份或公民身份,除了没有永久定居在避难国的难民,他们一般被视为其祖籍国人口的一部分。显示的数值是年中估计值。

⑩城镇人口占总人口的百分比:城镇人口是指生活在国家统计机构所定义的城镇地区的人口。该数据根据世界银行人口预测及联合国《世界城市化展望》所提供的城镇化比率计算得出。该变量可视为城镇化率。

⑪少年人口占总人口的百分比:0 岁至 14 岁人口占总人口

的百分比。

⑫老年人口占总人口的百分比:65 岁及 65 岁以上人口占总人口的百分比。

⑬人口密度:年中人口除以以平方公里为单位的土地面积。

各变量的基本统计信息如表 4.2 所示,综合表 4.1 中数据,二氧化碳排放量的最大值(中国 2010 年的 70.32 亿吨)与最小值(埃及 1961 年的 0.17 亿吨)相差 400 多倍;单看 2010 年,最大碳排放国(中国,70.32 亿吨)的排放量为最小国(埃及,2.10 亿吨)的 30 多倍;若从各国的平均值来看,排放量最大的美国(46.75 亿吨)比最小的埃及(0.75 亿吨)也高了 60 多倍。可见不同地区、不同发展水平国家的碳排放量差距十分大。

**表 4.2 各数据统计值报告**

| 解释变量 | 观测数 | 平均值 | sd | 最小值 | 最大值 |
|---|---|---|---|---|---|
| 碳排放总量(亿吨) | 432 | 10.90 | 15.72 | 0.171 | 70.32 |
| 二氧化碳排放强度(吨) | 382 | 2.625 | 0.508 | 1.316 | 3.710 |
| GDP(百亿美元) | 395 | 131.6 | 249.9 | 0.400 | 1459 |
| 人均 GDP(亿美元) | 401 | 9193 | 12560 | 69.79 | 48348 |
| 单位能耗 GDP(美元) | 272 | 4.322 | 2.086 | 0.464 | 11.04 |
| 工业增加值比重(%) | 378 | 33.60 | 7.705 | 19.05 | 56.59 |
| 化石能源消费比重(%) | 395 | 82.01 | 16.19 | 37.05 | 99.37 |
| 人口规模(亿) | 450 | 2.751 | 3.693 | 0.105 | 13.38 |
| 人口密度 | 450 | 124.9 | 115.8 | 1.365 | 393.8 |
| 城镇人口比重(%) | 450 | 57.43 | 23.23 | 16.32 | 90.10 |
| 少年人口比重(%) | 450 | 28.53 | 8.613 | 13.36 | 44.23 |

续表

| 解释变量 | 观测数 | 平均值 | sd | 最小值 | 最大值 |
|---|---|---|---|---|---|
| 老年人口比重(%) | 450 | 8.587 | 4.457 | 3.032 | 22.69 |
| 居民最终消费(亿元) | 388 | 8479 | 16947 | 28.56 | 103852 |
| 国家数 | 9 | 9 | 9 | 9 | 9 |

数据来源:世界银行统计数据库1961年至2010年。

各国的GDP差异比二氧化碳排放量差异更为明显,GDP最大值(美国2010年的14.59万亿)比最小值(埃及1962年的40亿元)相差3600多倍;就平均值来看,美国的GDP是埃及的112倍。

样本中人口最多的国家是中国,最少的是澳大利亚,2010年两个国家的人口相差近60倍。

从能源使用总量来看,最大值(美国2010年的23.37亿吨)是最小值(埃及1961年的0.08亿吨)的近300倍;单看2010年,最大能源消耗国(美国,23.37亿吨)是最小国(罗马尼亚,0.7亿吨)的30多倍;从平均来看,能源消耗最大的美国(18.37亿吨)是最小的埃及(0.33亿吨)的50多倍。

(2)基本回归结果分析

采用面板数据模型进行回归估计,根据对个体特定效应的不同假设,分别用固定效应模型及随机效应模型对上文建立的计量模型(式4.4)进行回归。这两种模型的区别在于,随机效应相对更有效,但是要求外生变量和个体效应不相关,而固定效应并没有这样的要求,但是会消耗更多的自由度。可以说,这两种估计方法各有优劣。因此,本书将结合Hausman检验在这两种估计方法之间进行选择。

具体结果如表 4.3 所示，回归方程①为基本估计，变量仅为人口规模、人均 GDP、单位能耗 GDP 及二氧化碳排放强度；回归方程②在方程①的基础上加入产业结构、化石能源消费比重、居民最终消费及人口密度等变量；回归方程③在方程①的基础上加入人口的年龄结构、城乡结构及其平方项，以比较各变量对二氧化碳排放量的影响及变化。

Hausman 检验的结果显示应选择固定效应模型，且回归方程③最优。加入人口结构变量后，人口规模、人均 GDP、单位能源 GDP 对被解释变量的影响力度更大，R - squared 拟合优度更高。

**表 4.3 面板回归估计结果**

| 解释变量 | 方程① | 方程② | 方程③ | 方程① | 方程② | 方程③ |
|---|---|---|---|---|---|---|
| | 固定效应 | 随机效应 | 固定效应 | 固定效应 | 随机效应 | 固定效应 |
| 人口规模 | 1.850*** | 1.023*** | 1.894*** | 0.247* | 2.473*** | 0.954*** |
| | (0.082) | (0.041) | (0.139) | (0.139) | (0.160) | (0.125) |
| 人均 GDP | 0.265*** | 0.434*** | 0.379*** | -0.136 | 0.351*** | 0.341*** |
| | (0.027) | (0.028) | (0.096) | (0.138) | (0.079) | (0.129) |
| 单位能耗 GDP | -0.269*** | -0.326*** | -0.161*** | -0.560*** | -0.413*** | -0.437*** |
| | (0.036) | (0.040) | (0.031) | (0.029) | (0.038) | (0.034) |
| 二氧化碳排放强度 | 1.384*** | 1.755*** | 0.539*** | 1.435*** | 0.434*** | 1.368*** |
| | (0.116) | (0.078) | (0.088) | (0.102) | (0.150) | (0.080) |
| 工业增加值比重 | | | 0.008*** | 0.0132*** | 0.001 | -0.006*** |
| | | | (0.001) | (0.003) | (0.001) | (0.002) |

**续表**

| 解释变量 | 方程① | 方程② | 方程③ | 方程① | 方程② | 方程③ |
|---|---|---|---|---|---|---|
| | 固定效应 | 随机效应 | 固定效应 | 固定效应 | 随机效应 | 固定效应 |
| 化石能源比重 | | | 0.013*** | 0.002 | 0.005* | -0.001 |
| | | | (0.003) | (0.002) | (0.002) | (0.002) |
| 居民最终消费 | | | -0.143 | 0.807*** | -0.153* | 0.093 |
| | | | (0.101) | (0.145) | (0.082) | (0.131) |
| 人口密度 | | | 0.000 | -0.001*** | 0.000 | -0.001*** |
| | | | (0.000) | (0.000) | (0.000) | (0.000) |
| 城镇人口比重 | | | | | 0.0579*** | 0.043*** |
| | | | | | (0.006) | (0.005) |
| 城镇人口比重的平方 | | | | | -0.001*** | -0.000*** |
| | | | | | (0.000) | (0.000) |
| 少年人口比重 | | | | | -0.036** | 0.167*** |
| | | | | | (0.017) | (0.027) |
| 少年人口比重的平方 | | | | | 0.000 | -0.002*** |
| | | | | | (0.000) | (0.000) |
| 老年人口比重 | | | | | -0.082** | 0.224*** |
| | | | | | (0.033) | (0.039) |
| 老年人口比重的平方 | | | | | 0.003*** | -0.005*** |
| | | | | | (0.001) | (0.001) |
| 常数项 | -24.416*** | -10.621*** | -25.713*** | -10.621*** | -35.203*** | -13.656*** |
| | (1.452) | (0.805) | (2.435) | (0.805) | (2.719) | (2.774) |
| 观测数 | 254 | 254 | 251 | 254 | 251 | 251 |
| Prob > F | 0.000 | | 0.000 | | 0.000 | |

续表

| 解释变量 | 方程① | 方程② | 方程③ | 方程① | 方程② | 方程③ |
|---|---|---|---|---|---|---|
| | 固定效应 | 随机效应 | 固定效应 | 固定效应 | 随机效应 | 固定效应 |
| Prob > chi2 | | 0.000 | | 0.000 | | 0.000 |
| R-sq: | | | | | | |
| within | 0.920 | | 0.878 | | 0.953 | |
| between | 0.658 | | 0.918 | | 0.668 | |
| overall | 0.642 | | 0.913 | | 0.648 | |

注：*、**、*** 分别表示在10%、5%、1%水平上显著，括号中为标准误。

根据方程③的固定效应模型进行计量回归后，可提取方程如下：

$$\ln CO_2 = -35.2 + 2.473 \times \ln pop + 0.351 \times \ln gdpp - 0.413 \times \ln egdp + 0.434 \times \ln CO_2q + 0.00474 \times fossil - 0.153 \times \ln c + 0.0579 \times urban - 0.0048 \times urban^2 - 0.361 \times young - 0.0817 \times old + 0.00284 \times old^2 \quad (4.5)$$

取式(4.5)的预测值，与被解释变量拟合作图4.8，结果颇为理想。由回归结果可知，人均GDP、二氧化碳排放强度以及所消耗的化石能源占能源使用总量比重会引起二氧化碳排放量同方向变动0.351%、0.434%、0.005%。这与以往的研究类似，也符合预期。人均GDP的提高说明在同等的技术条件下，会有更多的能源被消耗；碳排放强度增加说明单位化石能源的消耗会产生更多的二氧化碳排放；而化石能源占能源使用总量比重的提高，表明人类社会对化石能源的依赖性更高，从而向生态环境释放出更多的二氧化碳。这三个变量可以说是相互关联、相互促进的。

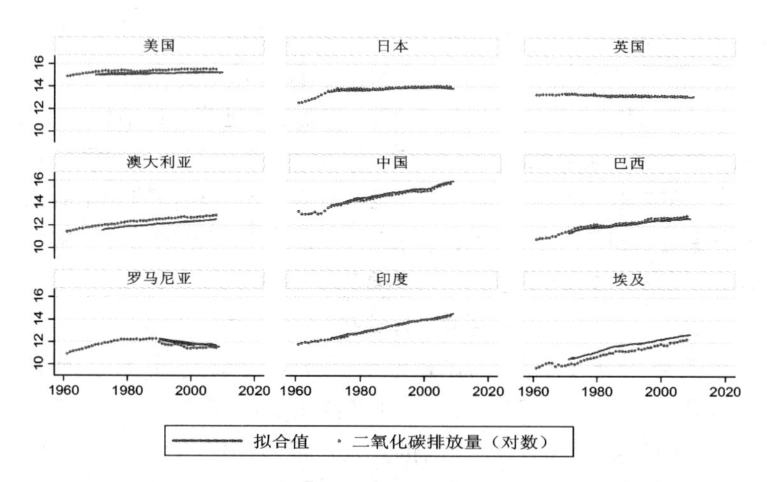


**图 4.8　固定效应模型回归结果拟合图**

回归中，单位能耗创造的 GDP、居民最终消费则与碳排放量负相关，系数分别为 -0.413、-0.153。由此可见，提高能源的使用效率，使单位能源的消耗能够创造出更多的 GDP 对减少二氧化碳的排放有非常显著的抑制作用。正如萨特斯韦特①所说，影响温室气体排放的关键因素是消费者数量的增加及其消费方式，而不是人口数量本身，一般认为高收入、高消费家庭与较低收入人群相比较，其消费方式是高碳的，"世界消费水平最高的 20% 人口要为 80% 以上的温室气体排放量负责，如果计算历史累积的影响，甚至要承担更高的比例"。从表 4.2 中的回归结果可以看出，样本数据中居民最终消费的增长会抑制二氧

① 大卫·萨特斯韦特. 你与全球气候变化——全球二十余位顶尖级专家学者谈人类活动与全球气候变化的关系：人口增长和城市化对气候变化的影响[J]. 人口与计划生育，2011(2)：61.

化碳的排放总量，说明这部分的消费增长反映的是低碳消费的增长，或者可以看作较低收入人群的消费增长。

工业增加值占GDP的比重与人口密度变量的系数估计为正，但不具有统计显著性，因而认为在本书的模型中，这两个变量对碳排放量的影响不明显。另一个可能的原因是产业结构的变化对二氧化碳排放量产生的影响具有一定的滞后性，即当期的产业结构变化会引起未来的碳排放变化，而不会影响当期的碳排放量。

在表4.3的回归结果中，与碳排放量正相关的变量中人口规模的影响最大，人口总量每增长1%会引起碳排放增加2.473%，但少年人口与老年人口比会减少碳排放，弹性分别为-0.0361%、-0.0817%。以世界人口最多的中国为例，1961年至2010年中国的二氧化碳排放量年平均增长5.92%，总人口增长率平均为1.41%，城镇人口的年平均增长率为3.456%，少年人口比重年平均降低0.416%，老年人口比重年平均提高0.087%。根据计量模型估计的系数，仅人口因素一项对中国的二氧化碳排放量有超过62%的解释力。

绝大多数的研究都支持人口增长对二氧化碳排放量的促进作用，认为随着社会发展和人们生活质量的不断改善，人均能源消费水平持续攀升，人均二氧化碳排放量也逐年递增，在这种情况下人口总量的增长必然会导致二氧化碳排放总量的增长，因而全球人口规模的扩张是导致全球二氧化碳排放量增加的主要因素之一的观点得到了广泛的认可。

值得注意的是，人口老龄化与城镇化对碳排放量的影响并不是线性和单一的，其平方项在统计上也具有显著性，且系数估计符号与原变量相反，说明这两个变量对二氧化碳排放量的影响具有“U”形或倒“U”形的特征。

人口城市化通常伴随着经济规模的扩大、技术的进步、信息传播的加快以及能源使用效率的提升，因而在城市化发展的初期必然具有工业化、高碳化的特点。随着农村人口城市化，居民的生活方式和消费模式也发生着转变，生产效率与收入水平随之提高，导致能源消费结构与能源消耗总量发生重要变化。一般认为一个国家城市化程度越发达，人均二氧化碳排放量就会越高，因此城市化进程无疑会促进碳排放量的增加。但城市化也为实现低碳式的高质量生活水平提供了可能，一些提高能源使用效率、促进清洁能源使用的新技术都是在城市中产生的，应用清洁能源新技术的设备也是在城市中生产的，因而当城市化发展到某个阶段后，由于技术的进步、能源使用效率的提高、规模效应的增强，原本高碳化的发展模式会得到改变，逐步形成低碳、绿色、循环经济的发展模式，从而达到抑制二氧化碳排放总量的效果。

人口年龄结构的变化通常是由于生育率下降导致的，而在生育率下降的初期会带来人口红利，这会促进经济的发展与能源的消耗，而当人口老龄化出现时，则会减少劳动人口的比重，从而降低能源使用总量。此外，老年人口的消费模式与劳动年龄人群、少年人群不同，大部分的老年人会降低交通运输的需求，他们更愿意使用公共交通，更节约资源，也更注意保健，与其他劳动年龄人口相比，老年人的生活更倾向于低碳型。因而在人口老龄化的早期，老年人口比例的上升会在某种程度上减少二氧化碳的排放总量。但是当老龄化持续到某个阶段后，老年人群由于对医疗、护理等方面的需求增多，需要更多的经济活动来支持这一支出，从而最终造成碳排放量的进一步上升。

（3）估计结果的稳健性分析

要得到稳健的回归结果，必须考虑变量的内生性问题。内生性问题的产生可能是由于解释变量及各控制变量与残差项相关，严重的内生性将使得模型的估计系数有偏和非一致。为进一步检验稳健性，本书取各解释变量的滞后一期项与滞后二期项替代当期项，再次对二氧化碳排放量进行回归方程③的固定效应模型回归，回归结果如表 4.4 所示。

检验结果显示各解释变量依然具有统计显著性，而变量的滞后一期项、滞后二期项与当期项均存在较高的相关性，且能有效地避免当期变量与当期残差项相关所产生的内生性问题，因此表 4.2 中的系数估计结果仍然可行，这表明回归方程③的固定效应模型比较稳健。

**表 4.4 各变量的滞后一期项与滞后二期项回归结果**

| 解释变量 | （当期项） | （滞后一期项） | （滞后二期项） |
|---|---|---|---|
| 人口规模 | 2.473*** | 2.330*** | 2.146*** |
| | (0.160) | (0.185) | (0.216) |
| 人均 GDP | 0.351*** | 0.426*** | 0.407*** |
| | (0.079) | (0.093) | (0.110) |
| 单位能耗 GDP | -0.413*** | -0.300*** | -0.183*** |
| | (0.038) | (0.042) | (0.050) |
| 二氧化碳排放强度 | 0.434*** | 0.223** | 0.203* |
| | (0.080) | (0.090) | (0.104) |
| 工业增加值比重 | 0.001 | 0.002 | 0.004** |
| | (0.001) | (0.001) | (0.002) |
| 化石能源比重 | 0.005* | 0.006** | 0.005* |
| | (0.002) | (0.003) | (0.003) |

续表

| 解释变量 | （当期项） | （滞后一期项） | （滞后二期项） |
| --- | --- | --- | --- |
| 居民最终消费 | -0.153* | -0.277*** | -0.302*** |
| | (0.082) | (0.096) | (0.112) |
| 人口密度 | 0.000 | 0.000 | 0.000 |
| | (0.000) | (0.000) | (0.000) |
| 城镇人口比重 | 0.058*** | 0.049*** | 0.038*** |
| | (0.006) | (0.006) | (0.008) |
| 城镇人口比重的平方 | 0.000*** | 0.000*** | 0.000*** |
| | (0.000) | (0.000) | (0.000) |
| 少年人口比重 | -0.036** | -0.023* | -0.009 |
| | (0.017) | (0.019) | (0.023) |
| 少年人口比重的平方 | 0.000 | 0.000 | 0.000 |
| | (0.000) | (0.000) | (0.000) |
| 老年人口比重 | -0.082** | -0.051* | -0.008 |
| | (0.033) | (0.039) | (0.047) |
| 老年人口比重的平方 | 0.003*** | 0.002* | 0.001 |
| | (0.001) | (0.001) | (0.001) |
| 常数项 | -35.203*** | -32.217*** | -28.667*** |
| | (2.719) | (3.128) | (3.648) |
| 观测数 | 251 | 242 | 233 |
| R-squared | 0.979 | 0.973 | 0.962 |
| 国家数 | 9 | 9 | 9 |

注：*、**、*** 分别表示在10%、5%、1%水平上显著，括号中为标准误。

回归结果中滞后一期项与滞后二期项的估计系数仅略小于当期项(但误差项大于当期项),表明各解释变量对二氧化碳排放量的影响不会在当期结束,而会持续影响未来的碳排放,但影响力度逐步减弱,变量的当期值对因变量更具解释力。其中人口年龄结构变量的显著性只在当期项与滞后一期项中存在,滞后二期对当期的二氧化碳排放量已没有明显影响,但人口的城乡结构在滞后二期对碳排放的影响依然显著,且符号一致,可见人口的区域结构比年龄结构对碳排放量更有影响力。

值得注意的是,产业结构变量在滞后二期具有统计显著性,说明产业结构对碳排放量的影响具有明显的滞后性;居民最终消费变量的估计系数在滞后二期与滞后一期比当期项更大,说明该变量的影响也具有一定的滞后性。

此外,为了减少异常值对回归结果的影响,下面将剔除二氧化碳排放量最多、最少的国家(分别是美国与埃及),以及数据分析中各变量的变化趋势与其他国家明显不同的国家(罗马尼亚),以检验上文中得到的主要估计结果是否受这些异常样本的影响。表4.5中的回归方法程④为剔除了美国与埃及后的计量结果,回归方程⑤为进一步剔除了罗马尼亚后的计量结果,与表4.3中的回归方程③进行比较分析。

**表4.5 剔除异常值后的回归结果**

| 解释变量 | 方程③ | 方程④ | 方程⑤ |
|---|---|---|---|
| 人口规模 | 2.473*** | 2.147*** | 1.854*** |
|  | (0.160) | (0.176) | (0.172) |

续表

| 解释变量 | 方程③ | 方程④ | 方程⑤ |
|---|---|---|---|
| 人均 GDP | 0.351*** | 0.295*** | 0.232** |
| | (0.079) | (0.090) | (0.101) |
| 单位能源创造的 GDP | -0.413*** | -0.358*** | -0.244*** |
| | (0.038) | (0.044) | (0.047) |
| 二氧化碳排放强度 | 0.434*** | 0.389*** | 0.795*** |
| | (0.080) | (0.135) | (0.147) |
| 工业增加值比重 | 0.000 | -0.002 | -0.001 |
| | (0.001) | (0.002) | (0.001) |
| 化石能源比重 | 0.005* | 0.010*** | 0.004* |
| | (0.002) | (0.003) | (0.003) |
| 居民最终消费 | -0.153* | -0.153* | -0.133* |
| | (0.082) | (0.096) | (0.107) |
| 人口密度 | 0.000 | 0.002*** | 0.002*** |
| | (0.000) | (0.000) | (0.000) |
| 城镇人口比重 | 0.058*** | 0.055*** | 0.041*** |
| | (0.006) | (0.006) | (0.007) |
| 城镇人口比重的平方 | 0.000*** | 0.000*** | 0.000*** |
| | (0.000) | (0.000) | (0.000) |
| 少年人口比重 | -0.036** | -0.089*** | -0.117*** |
| | (0.017) | (0.023) | (0.021) |
| 少年人口比重的平方 | 0.000 | 0.001 | 0.002 |
| | (0.000) | (0.000) | (0.000) |

续表

| 解释变量 | 方程③ | 方程④ | 方程⑤ |
|---|---|---|---|
| 老年人口比重 | -0.082** | -0.078* | -0.055* |
| | (0.033) | (0.044) | (0.042) |
| 老年人口比重的平方 | 0.003*** | 0.002* | 0.001* |
| | (0.000) | (0.001) | (0.001) |
| 常数项 | -35.203*** | -29.128*** | -22.597*** |
| | (2.719) | (2.968) | (3.021) |
| 观测数 | 251 | 193 | 174 |
| R-squared | 0.979 | 0.979 | 0.985 |
| 国家数 | 9 | 7 | 6 |

注：*、**、*** 分别表示在10%、5%、1%水平上显著，括号中为标准误。

回归结果表明各解释变量仍然具有统计上的显著性，只是系数估计略小一些。不过，需要注意的是，与回归方程③结果的不同在于，在剔除异常样本之后变量人口密度具有了统计显著性，说明人口密度的增加在某种程度上确实会促进二氧化碳的排放。

对剔除了美国、埃及与罗马尼亚3国的数据后进行固定效应模型回归，取回归的预测值与因变量拟合做图4.9，拟合效果良好。通过以上对变量内生性与样本异常值的处理后，表明回归方程③的固定效应回归模型估计结果是稳健的，因而认为该计量模式与回归结果有效。

根据对美国、中国、印度、埃及等9国50年（1961年至2010年）的数据整理及计量回归结果表明，人口规模、人均GDP、二氧化碳排放强度、化石能源占能源消费总量的比重以及人口密度会促进二氧化碳的排放总量,居民最终消费相对于投资和生产性中间投入的碳排放较小,而单位能耗 GDP 的增加则会抑制碳排放。

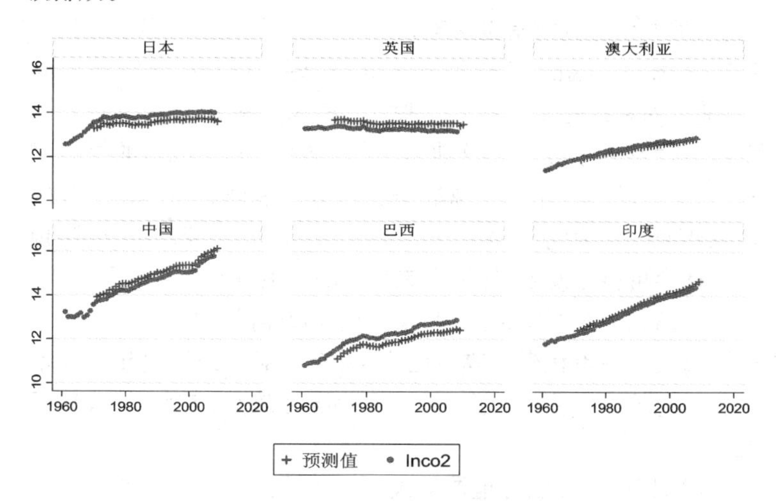


**图 4.9　剔除异常样本点的固定效应模型回归结果拟合图**

特别是,人口城镇化率与碳排放的关系则呈倒"U"形,而人口的年龄结构,特别是人口的老龄化对碳排放量的影响具有"U"形的特点。城市化的初期会增加二氧化碳的排放,而持续的城市化则会因规模效应和技术进步最终减少碳排放总量。变量老年人口比则与之相反,在人口老龄化的早期,由于老年人口的消费模式与生活模式不同会抑制二氧化碳的排放,但当老龄化到某个程度后,由于老年人的生理特点与需求,最终仍会增加碳排放总量。

## 6.政策建议

在人类社会的发展历史上,人口数量从来没有像今天这么多,人类所创造的财富也从未如此巨大,人们在追求经济增长的道路上,毫无节制地耗费了自然资源,更无视对生态环境的破坏,随之而来的是全球气候变暖、生态环境恶化,自然灾害和环境污染危及了亿万人以及动植物物种的生存。IPCC 的报告显示,人类活动和对化石能源的需求是造成地球表面温度上升的最主要原因。为此,人类社会必须采取行动,改变现状,以实现人类社会可持续发展,促进生态系统的和谐共存。

从前文的分析结果出发,建议从人口年龄结构、人口就业结构以及人口城市化模式等方面入手,有针对性地制定相应政策措施,减少人类活动导致的二氧化碳排放量,减缓全球气候变化。

(1)以生育控制合理调整人口年龄结构

根据本书实证回归方程式(4.5),人口年龄结构的变化对二氧化碳排放量的影响可作如下表述:

$$\Delta \ln CO_2 = -0.361 \times (\Delta young) - 0.0817 \times (\Delta old) + 0.00284 \times (\Delta old^2) \tag{4.6}$$

由式(4.6)可知,少年人口比的增加会抑制碳排放,而人口老龄化对碳排放的影响则是非单一的。正如蒋耒文①(2010)的文章所指出的,人口年龄结构的变化对二氧化碳排放量的影响在世界不同区域的作用程度和方向都是不同的,人口老龄化在发达国家是影响温室气体排放的重要因素,而人口城市化在发

① 蒋耒文. 人口变动对气候变化的影响[J]. 人口研究,2010(1):59-69.

展中国家则尤为关键。可以预见,未来世界人口的增加几乎都将发生在发展中国家,尤其是最不发达国家。尽管这些国家现在的人均能源消费和碳排放量极低,对全球总排放量的贡献可以忽略不计,但随着其未来工业化、经济发展、消除能源贫穷目标的实现,人均排放量的增加是可以预期的。为了控制温室气体排放的增加,以牺牲这些国家的经济发展作为代价是违背人类伦理要求的,因为生活水平的提高、消除能源贫困是所有人追求的目标。相对而言,通过计划生育和生殖健康项目,满足世界超过2亿人口未得到满足的控制生育的需求,不但可以帮助这些国家加快人口转变步伐,通过可能获得的人口红利来迅速发展经济,提高人均生活水平,并减缓未来温室气体排放总量的增加。同时,还可以降低由于经济能力过低造成的对气候变化影响的脆弱性,提高其应对气候变化的适应能力。

从本书的样本数据来看,各发达国家的老龄化均超过了13%,其中老龄化程度最严重的日本,其人口老龄化程度更高达22.69%,几乎每四个日本人中就有一个是超过65岁的老年人。而与各发达国家不同的是,发展中国家的老龄化大都并不严重,但少年人口比重却急剧下降。根据不同年龄结构人群对二氧化碳排放量的影响,建议各国根据本国人口年龄结构制定相应的政策措施,以减少二氧化碳的排放。譬如,对于人口老龄化严重的发达国家(如日本),应鼓励国民生育,提高少年人口与未来劳动年龄人口的比重,以减缓人口老龄化程度;而对于老年人口比重较低、少年人口比重较高的发展中国家(如印度和埃及),应实行计划生育政策,以获取可能的人口红利,进而快速发展经济,尽快摆脱贫困,并提高这些国家应对气候变化影响的能力。

就中国而言,自20世纪70年代开始在全国范围内广泛实行的“一对夫妇只生育一个孩子”的“一孩”计划生育政策，解决了当时人口过快增长带来的劳动力过剩、资金积累不足、人民生活水平难以提高等问题。40 年过去了，中国在控制人口过快增长并实现经济迅速发展的同时也造成了人口年龄结构快速老化的现状：2010 年全国老龄人口已占人口总数的 8.19%，而 14 岁以下人口比重仅为 19.46%，可以预见未来将快速追赶至发达国家的老龄化程度。以中国 2020 年至 2050 年根据不同生育率预测的人口数据[①]来看，如表 4.6 所示，当生育率为 1.3 时，2038 年将赶至日本现在的老龄化水平，到 2050 年中国超过 64 岁的老年人群将占总人口的 26.78%；若将生育率提高为 2.1，这一比值将降至 20.56%。而不同生育率下的少年人口比重变化则更为明显：到 2050 年，生育率为 1.3 时，少年人口将占人口总数的 10.46%；而生育率为 2.1 时，这一比值将达到 19.08%，提高 8.62%。

若仅考虑人口年龄结构的变化对本国的二氧化碳排放量的影响，由式(4.6)可计算得到不同生育率下的中国人口年龄结构变化对碳排放的影响，表 4.6 中的数据显示了生育率分别为 1.3、1.6、1.8 及 2.1 时中国未来 30 年的人口年龄结构变化及其对中国碳排放的影响。生育率越高，少年人口比重越高，老年人口比重越低，且对碳排放量的抑制作用越大。

---

① 具体的人口预测数据结果见本节附录。

表 4.6 人口年龄结构及其对碳排放的影响预测

| 年份 | | 生育率为1.3 | 生育率为1.6 | 生育率为1.8 | 生育率为2.1 |
|---|---|---|---|---|---|
| 2020 | 少年人口比重 | 0.153339921 | 0.171674067 | 0.183461975 | 0.20053576 |
| | 老年人口比重 | 0.115962983 | 0.113451843 | 0.111837309 | 0.109498795 |
| | 对碳排放的影响 | -0.064791697 | -0.071206799 | -0.07533136 | -0.081305409 |
| 2021 | 少年人口比重 | 0.150662807 | 0.17071095 | 0.183558719 | 0.202132303 |
| | 老年人口比重 | 0.12085334 | 0.118000663 | 0.116172536 | 0.113529676 |
| | 对碳排放的影响 | -0.064221512 | -0.071227763 | -0.075717665 | -0.082208531 |
| 2022 | 少年人口比重 | 0.147831913 | 0.169568095 | 0.183453159 | 0.203491509 |
| | 老年人口比重 | 0.125843416 | 0.122633538 | 0.12058307 | 0.117623918 |
| | 对碳排放的影响 | -0.063603752 | -0.071190532 | -0.076036933 | -0.083031016 |
| 2023 | 少年人口比重 | 0.144839433 | 0.168239535 | 0.1831409 | 0.204611203 |
| | 老年人口比重 | 0.130803992 | 0.12722475 | 0.124945461 | 0.121661398 |
| | 对碳排放的影响 | -0.06292513 | -0.071082766 | -0.076277573 | -0.083762344 |
| 2024 | 少年人口比重 | 0.141684419 | 0.166727458 | 0.182626442 | 0.205498746 |
| | 老年人口比重 | 0.135585259 | 0.131629293 | 0.129117784 | 0.125504722 |
| | 对碳排放的影响 | -0.062173182 | -0.070893519 | -0.076429722 | -0.084394049 |
| 2025 | 少年人口比重 | 0.138371388 | 0.16504051 | 0.181921287 | 0.206168935 |
| | 老年人口比重 | 0.140114072 | 0.135777263 | 0.133032189 | 0.129089148 |
| | 对碳排放的影响 | -0.061343636 | -0.07062027 | -0.076492053 | -0.084926243 |
| 2026 | 少年人口比重 | 0.136742922 | 0.162804545 | 0.179253754 | 0.202861451 |
| | 老年人口比重 | 0.14426002 | 0.139542268 | 0.136564606 | 0.132293937 |
| | 对碳排放的影响 | -0.061091136 | -0.070117743 | -0.075814968 | -0.083991694 |

续表

| 年份 | | 生育率为1.3 | 生育率为1.6 | 生育率为1.8 | 生育率为2.1 |
|---|---|---|---|---|---|
| 2027 | 少年人口比重 | 0.134936476 | 0.160385053 | 0.176403661 | 0.199383908 |
| | 老年人口比重 | 0.14813365 | 0.143032499 | 0.139821725 | 0.135223872 |
| | 对碳排放的影响 | -0.060752267 | -0.069526658 | -0.075049634 | -0.08297345 |
| 2028 | 少年人口比重 | 0.132981004 | 0.15780799 | 0.173394937 | 0.195754714 |
| | 老年人口比重 | 0.15216812 | 0.146666204 | 0.143212438 | 0.138274711 |
| | 对碳排放的影响 | -0.060372517 | -0.068890222 | -0.074237781 | -0.081910195 |
| 2029 | 少年人口比重 | 0.130915688 | 0.155119735 | 0.170278346 | 0.192027892 |
| | 老年人口比重 | 0.15692998 | 0.150986883 | 0.147265902 | 0.14195541 |
| | 对碳排放的影响 | -0.060011802 | -0.068269109 | -0.073440515 | -0.080862596 |
| 2030 | 少年人口比重 | 0.12879103 | 0.152379769 | 0.167118834 | 0.188272971 |
| | 老年人口比重 | 0.162773586 | 0.156330287 | 0.152306461 | 0.146574412 |
| | 对碳排放的影响 | -0.059716917 | -0.067711874 | -0.072707457 | -0.079880657 |
| 2031 | 少年人口比重 | 0.126624436 | 0.149691063 | 0.164086656 | 0.184765349 |
| | 老年人口比重 | 0.169810771 | 0.162782758 | 0.158402433 | 0.152172893 |
| | 对碳排放的影响 | -0.059503068 | -0.06726257 | -0.072105502 | -0.079067052 |
| 2032 | 少年人口比重 | 0.124468547 | 0.147116041 | 0.161249945 | 0.181577447 |
| | 老年人口比重 | 0.177810991 | 0.170114412 | 0.165324564 | 0.158523161 |
| | 对碳排放的影响 | -0.059370512 | -0.066925052 | -0.071640623 | -0.078429432 |
| 2033 | 少年人口比重 | 0.122369986 | 0.144710343 | 0.15866954 | 0.178774426 |
| | 老年人口比重 | 0.186393843 | 0.177953296 | 0.172706328 | 0.165267069 |
| | 对碳排放的影响 | -0.059305273 | -0.066689283 | -0.071305101 | -0.077962318 |

续表

| 年份 | | 生育率为1.3 | 生育率为1.6 | 生育率为1.8 | 生育率为2.1 |
| --- | --- | --- | --- | --- | --- |
| 2034 | 少年人口比重 | 0.120364711 | 0.142516775 | 0.156391939 | 0.176406046 |
| | 老年人口比重 | 0.195013619 | 0.185772634 | 0.180032892 | 0.171907363 |
| | 对碳排放的影响 | -0.059276267 | -0.066528167 | -0.071074128 | -0.077643486 |
| 2035 | 少年人口比重 | 0.118479806 | 0.140567238 | 0.154451288 | 0.174508518 |
| | 老年人口比重 | 0.203259546 | 0.193178374 | 0.186920793 | 0.178076195 |
| | 对碳排放的影响 | -0.059260182 | -0.066421463 | -0.070929116 | -0.077456341 |
| 2036 | 少年人口比重 | 0.116723932 | 0.13889363 | 0.152896529 | 0.173160869 |
| | 老年人口比重 | 0.21109112 | 0.200126859 | 0.193324022 | 0.183723527 |
| | 对碳排放的影响 | -0.059256935 | -0.066377221 | -0.070884077 | -0.077425424 |
| 2037 | 少年人口比重 | 0.115113287 | 0.137514645 | 0.151746624 | 0.17238137 |
| | 老年人口比重 | 0.218553262 | 0.206660057 | 0.199283101 | 0.188888455 |
| | 对碳排放的影响 | -0.059276044 | -0.066405622 | -0.070949174 | -0.077560533 |
| 2038 | 少年人口比重 | 0.113656967 | 0.136440411 | 0.151010868 | 0.172177213 |
| | 老年人口比重 | 0.225437576 | 0.212580957 | 0.204608581 | 0.193392866 |
| | 对碳排放的影响 | -0.05930408 | -0.066494511 | -0.071112549 | -0.077849953 |
| 2039 | 少年人口比重 | 0.112354116 | 0.13566919 | 0.15068532 | 0.172540571 |
| | 老年人口比重 | 0.231538156 | 0.217697589 | 0.209117729 | 0.197067756 |
| | 对碳排放的影响 | -0.059324251 | -0.066627877 | -0.071358125 | -0.078277288 |
| 2040 | 少年人口比重 | 0.111195028 | 0.135188798 | 0.150754457 | 0.173450486 |
| | 老年人口比重 | 0.236734413 | 0.22190091 | 0.212709342 | 0.199823681 |
| | 对碳排放的影响 | -0.059323444 | -0.066792619 | -0.071672216 | -0.07882782 |

续表

| 年份 | | 生育率为1.3 | 生育率为1.6 | 生育率为1.8 | 生育率为2.1 |
|---|---|---|---|---|---|
| 2041 | 少年人口比重 | 0.110182716 | 0.134938884 | 0.151107528 | 0.174720894 |
| | 老年人口比重 | 0.240917244 | 0.225107637 | 0.215318257 | 0.201621308 |
| | 对碳排放的影响 | -0.059294063 | -0.066960318 | -0.072009651 | -0.079431254 |
| 2042 | 少年人口比重 | 0.109290137 | 0.134886568 | 0.151706939 | 0.176308814 |
| | 老年人口比重 | 0.244177096 | 0.227410405 | 0.217038964 | 0.202557856 |
| | 对碳排放的影响 | -0.05923368 | -0.067126609 | -0.072364508 | -0.080079934 |
| 2043 | 少年人口比重 | 0.108490971 | 0.134999707 | 0.152515842 | 0.178171673 |
| | 老年人口比重 | 0.246820249 | 0.229101414 | 0.21815544 | 0.202905974 |
| | 对碳排放的影响 | -0.059157441 | -0.067303416 | -0.072746358 | -0.080780467 |
| 2044 | 少年人口比重 | 0.107761848 | 0.135250124 | 0.153502036 | 0.180271897 |
| | 老年人口比重 | 0.249268964 | 0.230576212 | 0.219047259 | 0.203023304 |
| | 对碳排放的影响 | -0.059090838 | -0.067512382 | -0.073174128 | -0.081548099 |
| 2045 | 少年人口比重 | 0.107081372 | 0.135612682 | 0.154637107 | 0.18257617 |
| | 老年人口比重 | 0.251832015 | 0.232120051 | 0.219985797 | 0.203162493 |
| | 对碳排放的影响 | -0.05905094 | -0.067767368 | -0.073659397 | -0.082391152 |
| 2046 | 少年人口比重 | 0.106494969 | 0.135990687 | 0.155714224 | 0.184704417 |
| | 老年人口比重 | 0.254542617 | 0.2337726 | 0.221016237 | 0.203377447 |
| | 对碳排放的影响 | -0.059056807 | -0.068036654 | -0.074131132 | -0.083176763 |
| 2047 | 少年人口比重 | 0.10597599 | 0.136352654 | 0.156700135 | 0.186624047 |
| | 老年人口比重 | 0.257358917 | 0.235492964 | 0.222098706 | 0.203630048 |
| | 对碳排放的影响 | -0.059095452 | -0.068305585 | -0.074574122 | -0.083890095 |

续表

| 年份 | | 生育率为1.3 | 生育率为1.6 | 生育率为1.8 | 生育率为2.1 |
|---|---|---|---|---|---|
| 2048 | 少年人口比重 | 0.105497835 | 0.136666598 | 0.157560708 | 0.188300594 |
| | 老年人口比重 | 0.260414555 | 0.237401088 | 0.223345209 | 0.204021759 |
| | 对碳排放的影响 | -0.059167991 | -0.068572251 | -0.074985051 | -0.084526878 |
| 2049 | 少年人口比重 | 0.105035381 | 0.136902785 | 0.158264683 | 0.189702928 |
| | 老年人口比重 | 0.263847838 | 0.239619666 | 0.224869412 | 0.204654354 |
| | 对碳排放的影响 | -0.059276432 | -0.068835766 | -0.075361773 | -0.085084069 |
| 2050 | 少年人口比重 | 0.1045671 | 0.137036241 | 0.158786402 | 0.190806292 |
| | 老年人口比重 | 0.267765397 | 0.242241004 | 0.226755494 | 0.205601528 |
| | 对碳排放的影响 | -0.059421533 | -0.06909452 | -0.075701788 | -0.085558664 |

郭志刚[①](2011)指出以往由国家统计局、国家人口计生委等部门进行的多次全国人口调查数据显示中国的生育水平基本处于1.3～1.5,他进一步根据第六次人口普查的数据,运用模拟预测方法计算了1990年至2010年的生育率,结果表明中国总生育率均处于1.5以下的低水平。在如此低水平的生育率下,笔者认为以严格的计划生育政策控制人口规模过快增长的需求已不再迫切,“一孩”生育政策实施的历史背景也不复存在,而根据发达国家的经验,持续的低生育率将导致经济低迷和社会波动,且生育水平一旦长期低于更替水平将难以回升。而从2015年底开始实施的“全面两孩”政策却没有带来预期中的生育井喷现象,2016年至2018年的出生人数仅分别为1786

① 郭志刚. 六普结果表明以往人口估计和预测严重失误[J]. 中国人口科学,2011(06):2-13.

万、1723万、1523万人，除2016年有短暂的生育增长外，2017年、2018年均较上一年度有明显的下降，且我国育龄妇女的人数也在不断地减少，可以预期未来我国出生人口数量还将进一步下降，这不仅会进一步加快我国的老龄化趋势，同时也会带来诸如劳动力数量不足、消费乏力、投资不足等一系列经济社会的不良后果。

因此，从全局考虑，从实现减少二氧化碳排放量的目标出发，为合理调整中国的人口年龄结构，笔者建议从多层次、多角度出台相关配套政策，让想生、愿生的人可以实现其生育意愿，为不敢生的人解决其后顾之忧，完善幼儿抚育体系，有效减少就业市场中可能出现的由于生育带来的不利影响，营造生育友好型的社会氛围。政府应积极转变职能，由过去以人口数量控制为主的生育政策制定者转向以人口质量提高为目的的生育服务提供者。

（2）以产业调整合理分配人口就业结构

在所有非自然因素造成二氧化碳排放的原因中，人类社会对高碳排放强度的化石能源的使用无疑是最直接、最重要的因素，而人们对高能源消耗产业的依赖必将进一步提高全球碳排放总量。因此从减少高能源消耗产业比重、提高清洁能源产业的发展等产业结构调整方面着手，降低高能耗产业的就业人口比例，合理分配不同产业的就业人口结构，减少人类社会对高能耗产业的依赖，并在此领域加强世界各国的合作与配合，是实现减少全球二氧化碳排放量、减缓全球气候变化目标最直接和最有力的途径之一。

就本书的样本数据来看，如图4.10所示，美国、日本、英国等发达国家的第二产业比重逐年下降（澳大利亚近年的工业比重有所上升），罗马尼亚与巴西的工业比重也呈下降趋势，而中国、埃及与印度的工业比重则逐年上升，其中中国的上升速率最快。各国第二产业从业人数占总就业人口的比重与工业比重的趋势高度一致，从图形上来看，发达国家的第二产业比重与第二产业实现的就业比重接近重合，而各发展中国家的就业比重则低于工业比重，其中中国最为明显。

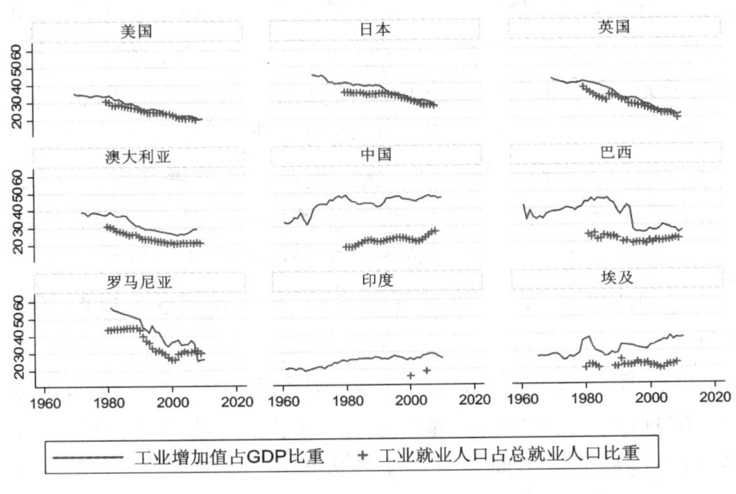


图 4.10 各国工业比重及其就业人数比重图

从各国的实际情况出发，建议美国、日本、英国、澳大利亚等发达国家进一步加大对提高清洁能源使用率、提高能源利用效率、降低能源碳排放强度等方面的技术研发力度，为发展中国家降低对化石能源的依赖、实现节能减排提供技术与资金支持，减少人类社会在生产、消费中对化石能源的依赖。罗马尼亚、巴西、印度等工业比重较低的发展中国家继续大力发展其他产业，以低碳模式实现经济增长与社会发展。中国与埃及等对第二产业更为依赖的发展中国家应积极进行产业结构调整,逐步减少高碳排放产业占经济总量的比重,引导工业终端能源消费向清洁能源方向转变,积极发展低碳排放的第三产业。

(3)以低碳模式实现人口城市化发展

有资料表明[①],随着城市化进程的持续加剧,或者在城市化市场利益驱动下,今后30年全球城市发展进程中包括开发建设、维护保养和经营管理等所耗费的财力物力总额将达到350万亿美元,相当于全球目前GDP总量的7倍。照此下去,全球城市化将进一步加剧地球生态环境的恶化,而城市热岛效应则会进一步加剧全球气候变化。从人类历史的发展来看,人口城市化进程是不可阻挡的趋势,而高度的城市化最终是能够抑制二氧化碳排放总量的,因此政策制定者应在城市发展规划中制定相应的措施,以低碳、高效、绿色的发展模式实现人口城市化发展。

①房屋建造方面,可选用环保、节能的建筑材料。譬如在建筑物的顶端安装太阳能电池板装置,用于屋内动力、照明和热水系统;在房屋墙壁上使用有利于屋内保暖、隔热的材料,并在新技术的支持下,争取以清洁能源进行集中供暖、制冷,提高空气控制的规模效应,减少住户对空调的需求。

②交通方面,在城市中规划公共交通专用车道及大城市中的地铁线路,提高公共交通的运行效率,减少城市居民对私人交通工具的依赖,并提高太阳能动力的汽车生产与使用。

③合理规划多个城市中心区域,特别是在大城市中,尽量实

① 张荣忠. 城市抗击气候变暖的“杀手锏”[J]. 世界环境,2010(6):77-80.

现市民就近工作，以减少城市居民对交通的需求，提高人们的幸福指数。

④倡导低碳、节能、适度的生活方式和消费模式，引导城市居民形成环保的思想观念。

## 本节附录：各生育率下的人口预测具体结果（参见表4.7）

表4.7　各生育率下的人口预测结果

| 年份 | | 生育率为1.3 | 生育率为1.6 | 生育率为1.8 | 生育率为2.1 |
|---|---|---|---|---|---|
| 2020 | 0至14岁人口数 | 209244598 | 239448179 | 259583900 | 289801672 |
| | 15至64岁人口数 | 997094684 | 997094684 | 997094684 | 997094684 |
| | 64岁以上人口数 | 158240774 | 158240774 | 158240774 | 158240774 |
| | 总人口数 | 1364580056 | 1394783637 | 1414919358 | 1445137130 |
| | 少年人口比重 | 0.153339921 | 0.171674067 | 0.183461975 | 0.20053576 |
| | 劳动年龄人口比重 | 0.730697096 | 0.714874091 | 0.704700716 | 0.689965446 |
| | 老年人口比重 | 0.115962983 | 0.113451843 | 0.111837309 | 0.109498795 |
| 2021 | 0至14岁人口数 | 205709388 | 238717165 | 260722351 | 293787316 |
| | 15至64岁人口数 | 994644733 | 994644733 | 994644733 | 994644733 |
| | 64岁以上人口数 | 165008652 | 165008652 | 165008652 | 165008652 |
| | 总人口数 | 1365362773 | 1398370550 | 1420375736 | 1453440701 |
| | 少年人口比重 | 0.150662807 | 0.17071095 | 0.183558719 | 0.202132303 |
| | 劳动年龄人口比重 | 0.728483853 | 0.711288387 | 0.700268744 | 0.684338021 |
| | 老年人口比重 | 0.12085334 | 0.118000663 | 0.116172536 | 0.113529676 |

续表

| 年份 | | 生育率为1.3 | 生育率为1.6 | 生育率为1.8 | 生育率为2.1 |
|---|---|---|---|---|---|
| 2022 | 0至14岁人口数 | 201890474 | 237636427 | 261467063 | 297323187 |
| | 15至64岁人口数 | 991924068 | 991924068 | 991924068 | 991924068 |
| | 64岁以上人口数 | 171861315 | 171861315 | 171861315 | 171861315 |
| | 总人口数 | 1365675857 | 1401421810 | 1425252446 | 1461108570 |
| | 少年人口比重 | 0.147831913 | 0.169568095 | 0.183453159 | 0.203491509 |
| | 劳动年龄人口比重 | 0.726324671 | 0.707798367 | 0.695963772 | 0.678884573 |
| | 老年人口比重 | 0.125843416 | 0.122633538 | 0.12058307 | 0.117623918 |
| 2023 | 0至14岁人口数 | 197777354 | 236193097 | 261803595 | 300391301 |
| | 15至64岁人口数 | 989104446 | 989104446 | 989104446 | 989104446 |
| | 64岁以上人口数 | 178612046 | 178612046 | 178612046 | 178612046 |
| | 总人口数 | 1365493846 | 1403909589 | 1429520087 | 1468107793 |
| | 少年人口比重 | 0.144839433 | 0.168239535 | 0.1831409 | 0.204611203 |
| | 劳动年龄人口比重 | 0.724356575 | 0.704535715 | 0.691913639 | 0.6737274 |
| | 老年人口比重 | 0.130803992 | 0.12722475 | 0.124945461 | 0.121661398 |
| 2024 | 0至14岁人口数 | 193370580 | 234387993 | 261732936 | 302991114 |
| | 15至64岁人口数 | 986380737 | 986380737 | 986380737 | 986380737 |
| | 64岁以上人口数 | 185046460 | 185046460 | 185046460 | 185046460 |
| | 总人口数 | 1364797777 | 1405815190 | 1433160133 | 1474418311 |
| | 少年人口比重 | 0.141684419 | 0.166727458 | 0.182626442 | 0.205498746 |
| | 劳动年龄人口比重 | 0.722730322 | 0.701643249 | 0.688255774 | 0.668996532 |
| | 老年人口比重 | 0.135585259 | 0.131629293 | 0.129117784 | 0.125504722 |

续表

| 年份 | | 生育率为1. 3 | 生育率为1. 6 | 生育率为1. 8 | 生育率为2. 1 |
|---|---|---|---|---|---|
| 2025 | 0至14岁人口数 | 188679860 | 232233309 | 261268943 | 305136736 |
| | 15至64岁人口数 | 983839681 | 983839681 | 983839681 | 983839681 |
| | 64岁以上人口数 | 191056142 | 191056142 | 191056142 | 191056142 |
| | 总人口数 | 1363575683 | 1407129132 | 1436164766 | 1480032559 |
| | 少年人口比重 | 0. 138371388 | 0. 16504051 | 0. 181921287 | 0. 206168935 |
| | 劳动年龄人口比重 | 0. 72151454 | 0. 699182228 | 0. 685046524 | 0. 664741917 |
| | 老年人口比重 | 0. 140114072 | 0. 135777263 | 0. 133032189 | 0. 129089148 |
| 2026 | 0至14岁人口数 | 186220197 | 229207413 | 257868335 | 301250306 |
| | 15至64岁人口数 | 979149570 | 982204045 | 984240365 | 987297696 |
| | 64岁以上人口数 | 196457183 | 196457183 | 196457183 | 196457183 |
| | 总人口数 | 1361826950 | 1407868641 | 1438565883 | 1485005185 |
| | 少年人口比重 | 0. 136742922 | 0. 162804545 | 0. 179253754 | 0. 202861451 |
| | 劳动年龄人口比重 | 0. 718997058 | 0. 697653188 | 0. 68418164 | 0. 664844612 |
| | 老年人口比重 | 0. 14426002 | 0. 139542268 | 0. 136564606 | 0. 132293937 |
| 2027 | 0至14岁人口数 | 183454329 | 225829925 | 254088650 | 296953920 |
| | 15至64岁人口数 | 974709681 | 980821838 | 984896613 | 991006896 |
| | 64岁以上人口数 | 201396689 | 201396689 | 201396689 | 201396689 |
| | 总人口数 | 1359560699 | 1408048452 | 1440381952 | 1489357505 |
| | 少年人口比重 | 0. 134936476 | 0. 160385053 | 0. 176403661 | 0. 199383908 |
| | 劳动年龄人口比重 | 0. 716929874 | 0. 696582448 | 0. 683774614 | 0. 66539222 |
| | 老年人口比重 | 0. 14813365 | 0. 143032499 | 0. 139821725 | 0. 135223872 |

续表

| 年份 | | 生育率为1.3 | 生育率为1.6 | 生育率为1.8 | 生育率为2.1 |
| --- | --- | --- | --- | --- | --- |
| 2028 | 0至14岁人口数 | 180426869 | 222143809 | 249971763 | 292283802 |
| | 15至64岁人口数 | 969900219 | 979080666 | 985200966 | 994368962 |
| | 64岁以上人口数 | 206459694 | 206459694 | 206459694 | 206459694 |
| | 总人口数 | 1356786782 | 1407684169 | 1441632423 | 1493112458 |
| | 少年人口比重 | 0.132981004 | 0.15780799 | 0.173394937 | 0.195754714 |
| | 劳动年龄人口比重 | 0.714850876 | 0.695525806 | 0.683392625 | 0.665970575 |
| | 老年人口比重 | 0.15216812 | 0.146666204 | 0.143212438 | 0.138274711 |
| 2029 | 0至14岁人口数 | 177194090 | 218218364 | 245595657 | 287326596 |
| | 15至64岁人口数 | 963899293 | 976150965 | 984318749 | 996544348 |
| | 64岁以上人口数 | 212404377 | 212404377 | 212404377 | 212404377 |
| | 总人口数 | 1353497760 | 1406773706 | 1442318783 | 1496275321 |
| | 少年人口比重 | 0.130915688 | 0.155119735 | 0.170278346 | 0.192027892 |
| | 劳动年龄人口比重 | 0.712154332 | 0.693893382 | 0.682455752 | 0.666016698 |
| | 老年人口比重 | 0.15692998 | 0.150986883 | 0.147265902 | 0.14195541 |
| 2030 | 0至14岁人口数 | 173827392 | 214141438 | 241059138 | 282193070 |
| | 15至64岁人口数 | 956164998 | 971479508 | 981689187 | 996964452 |
| | 64岁以上人口数 | 219693157 | 219693157 | 219693157 | 219693157 |
| | 总人口数 | 1349685547 | 1405314103 | 1442441482 | 1498850679 |
| | 少年人口比重 | 0.12879103 | 0.152379769 | 0.167118834 | 0.188272971 |
| | 劳动年龄人口比重 | 0.708435383 | 0.691289944 | 0.680574706 | 0.665152617 |
| | 老年人口比重 | 0.162773586 | 0.156330287 | 0.152306461 | 0.146574412 |

续表

| 年份 | | 生育率为1.3 | 生育率为1.6 | 生育率为1.8 | 生育率为2.1 |
|---|---|---|---|---|---|
| 2031 | 0至14岁人口数 | 170348348 | 210074388 | 236644847 | 277375991 |
| | 15至64岁人口数 | 946508465 | 964864826 | 977102407 | 995410734 |
| | 64岁以上人口数 | 228447093 | 228447093 | 228447093 | 228447093 |
| | 总人口数 | 1345303906 | 1403386307 | 1442194347 | 1501233818 |
| | 少年人口比重 | 0.126624436 | 0.149691063 | 0.164086656 | 0.184765349 |
| | 劳动年龄人口比重 | 0.703564794 | 0.687526179 | 0.677510912 | 0.663061758 |
| | 老年人口比重 | 0.169810771 | 0.162782758 | 0.158402433 | 0.152172893 |
| 2032 | 0至14岁人口数 | 166834421 | 206112134 | 232459249 | 272994453 |
| | 15至64岁人口数 | 935206457 | 956572021 | 970815736 | 992132433 |
| | 64岁以上人口数 | 238333253 | 238333253 | 238333253 | 238333253 |
| | 总人口数 | 1340374131 | 1401017408 | 1441608238 | 1503460139 |
| | 少年人口比重 | 0.124468547 | 0.147116041 | 0.161249945 | 0.181577447 |
| | 劳动年龄人口比重 | 0.697720461 | 0.682769547 | 0.673425491 | 0.659899393 |
| | 老年人口比重 | 0.177810991 | 0.170114412 | 0.165324564 | 0.158523161 |
| 2033 | 0至14岁人口数 | 163354887 | 202340268 | 228598879 | 269158348 |
| | 15至64岁人口数 | 922749202 | 947081035 | 963302265 | 987594879 |
| | 64岁以上人口数 | 248822005 | 248822005 | 248822005 | 248822005 |
| | 总人口数 | 1334926094 | 1398243308 | 1440723149 | 1505575232 |
| | 少年人口比重 | 0.122369986 | 0.144710343 | 0.15866954 | 0.178774426 |
| | 劳动年龄人口比重 | 0.691236171 | 0.677336362 | 0.668624132 | 0.655958505 |
| | 老年人口比重 | 0.186393843 | 0.177953296 | 0.172706328 | 0.165267069 |

续表

| 年份 | | 生育率为1.3 | 生育率为1.6 | 生育率为1.8 | 生育率为2.1 |
|---|---|---|---|---|---|
| 2034 | 0至14岁人口数 | 159964356 | 198826026 | 225139394 | 265954884 |
| | 15至64岁人口数 | 909860233 | 937107560 | 955272451 | 982501655 |
| | 64岁以上人口数 | 259172540 | 259172540 | 259172540 | 259172540 |
| | 总人口数 | 1328997129 | 1395106126 | 1439584385 | 1507629079 |
| | 少年人口比重 | 0.120364711 | 0.142516775 | 0.156391939 | 0.176406046 |
| | 劳动年龄人口比重 | 0.684621669 | 0.671710591 | 0.663575169 | 0.651686591 |
| | 老年人口比重 | 0.195013619 | 0.185772634 | 0.180032892 | 0.171907363 |
| 2035 | 0至14岁人口数 | 156702908 | 195618209 | 222135308 | 263447716 |
| | 15至64岁人口数 | 897076217 | 927182551 | 947253451 | 977373943 |
| | 64岁以上人口数 | 268833678 | 268833678 | 268833678 | 268833678 |
| | 总人口数 | 1322612803 | 1391634438 | 1438222437 | 1509655337 |
| | 少年人口比重 | 0.118479806 | 0.140567238 | 0.154451288 | 0.174508518 |
| | 劳动年龄人口比重 | 0.678260648 | 0.666254388 | 0.658627919 | 0.647415287 |
| | 老年人口比重 | 0.203259546 | 0.193178374 | 0.186920793 | 0.178076195 |
| 2036 | 0至14岁人口数 | 153581957 | 192764566 | 219665604 | 261779260 |
| | 15至64岁人口数 | 884441420 | 917345369 | 939281347 | 972242331 |
| | 64岁以上人口数 | 277747561 | 277747561 | 277747561 | 277747561 |
| | 总人口数 | 1315770938 | 1387857496 | 1436694512 | 1511769152 |
| | 少年人口比重 | 0.116723932 | 0.13889363 | 0.152896529 | 0.173160869 |
| | 劳动年龄人口比重 | 0.672184948 | 0.660979511 | 0.653779449 | 0.643115604 |
| | 老年人口比重 | 0.21109112 | 0.200126859 | 0.193324022 | 0.183723527 |

续表

| 年份 | | 生育率为1.3 | 生育率为1.6 | 生育率为1.8 | 生育率为2.1 |
|---|---|---|---|---|---|
| 2037 | 0至14岁人口数 | 150624657 | 190291905 | 217759179 | 260983362 |
| | 15至64岁人口数 | 871891071 | 907526942 | 931284206 | 967029954 |
| | 64岁以上人口数 | 285974893 | 285974893 | 285974893 | 285974893 |
| | 总人口数 | 1308490621 | 1383793740 | 1435018278 | 1513988209 |
| | 少年人口比重 | 0.115113287 | 0.137514645 | 0.151746624 | 0.17238137 |
| | 劳动年龄人口比重 | 0.666333451 | 0.655825298 | 0.648970275 | 0.638730175 |
| | 老年人口比重 | 0.218553262 | 0.206660057 | 0.199283101 | 0.188888455 |
| 2038 | 0至14岁人口数 | 147843662 | 188213866 | 216429927 | 261076738 |
| | 15至64岁人口数 | 859698136 | 897997915 | 923531119 | 962002411 |
| | 64岁以上人口数 | 293246579 | 293246579 | 293246579 | 293246579 |
| | 总人口数 | 1300788377 | 1379458360 | 1433207625 | 1516325728 |
| | 少年人口比重 | 0.113656967 | 0.136440411 | 0.151010868 | 0.172177213 |
| | 劳动年龄人口比重 | 0.660905456 | 0.650978631 | 0.644380551 | 0.63442992 |
| | 老年人口比重 | 0.225437576 | 0.212580957 | 0.204608581 | 0.193392866 |
| 2039 | 0至14岁人口数 | 145238187 | 186527132 | 215672360 | 262053558 |
| | 15至64岁人口数 | 848138901 | 889034869 | 916298866 | 957434994 |
| | 64岁以上人口数 | 299305295 | 299305295 | 299305295 | 299305295 |
| | 总人口数 | 1292682383 | 1374867296 | 1431276521 | 1518793847 |
| | 少年人口比重 | 0.112354116 | 0.13566919 | 0.15068532 | 0.172540571 |
| | 劳动年龄人口比重 | 0.656107728 | 0.646633222 | 0.640196952 | 0.630391673 |
| | 老年人口比重 | 0.231538156 | 0.217697589 | 0.209117729 | 0.197067756 |

续表

| 年份 | | 生育率为1.3 | 生育率为1.6 | 生育率为1.8 | 生育率为2.1 |
|---|---|---|---|---|---|
| 2040 | 0至14岁人口数 | 142795481 | 185213276 | 215463686 | 263887643 |
| | 15至64岁人口数 | 837382130 | 880809085 | 909760407 | 953500949 |
| | 64岁以上人口数 | 304011834 | 304011834 | 304011834 | 304011834 |
| | 总人口数 | 1284189445 | 1370034195 | 1429235927 | 1521400426 |
| | 少年人口比重 | 0.111195028 | 0.135188798 | 0.150754457 | 0.173450486 |
| | 劳动年龄人口比重 | 0.65207056 | 0.642910292 | 0.636536201 | 0.626725833 |
| | 老年人口比重 | 0.236734413 | 0.22190091 | 0.212709342 | 0.199823681 |
| 2041 | 0至14岁人口数 | 140522252 | 184181666 | 215627803 | 266261227 |
| | 15至64岁人口数 | 827578934 | 873489501 | 904099336 | 950406597 |
| | 64岁以上人口数 | 307255392 | 307255392 | 307255392 | 307255392 |
| | 总人口数 | 1275356578 | 1364926559 | 1426982531 | 1523923216 |
| | 少年人口比重 | 0.110182716 | 0.134938884 | 0.151107528 | 0.174720894 |
| | 劳动年龄人口比重 | 0.64890004 | 0.63995348 | 0.633574214 | 0.623657798 |
| | 老年人口比重 | 0.240917244 | 0.225107637 | 0.215318257 | 0.201621308 |
| 2042 | 0至14岁人口数 | 138382054 | 183384278 | 216108309 | 269109271 |
| | 15至64岁人口数 | 818633182 | 866985581 | 899228845 | 948067964 |
| | 64岁以上人口数 | 309174543 | 309174543 | 309174543 | 309174543 |
| | 总人口数 | 1266189779 | 1359544402 | 1424511697 | 1526351778 |
| | 少年人口比重 | 0.109290137 | 0.134886568 | 0.151706939 | 0.176308814 |
| | 劳动年龄人口比重 | 0.646532768 | 0.637703027 | 0.631254097 | 0.621133331 |
| | 老年人口比重 | 0.244177096 | 0.227410405 | 0.217038964 | 0.202557856 |

续表

| 年份 | | 生育率为1.3 | 生育率为1.6 | 生育率为1.8 | 生育率为2.1 |
| --- | --- | --- | --- | --- | --- |
| 2043 | 0至14岁人口数 | 136338040 | 182771844 | 216846863 | 272362969 |
| | 15至64岁人口数 | 810165159 | 860923426 | 894778910 | 946118574 |
| | 64岁以上人口数 | 310173175 | 310173175 | 310173175 | 310173175 |
| | 总人口数 | 1256676374 | 1353868445 | 1421798948 | 1528654718 |
| | 少年人口比重 | 0.108490971 | 0.134999707 | 0.152515842 | 0.178171673 |
| | 劳动年龄人口比重 | 0.64468878 | 0.635898879 | 0.629328719 | 0.618922352 |
| | 老年人口比重 | 0.246820249 | 0.229101414 | 0.21815544 | 0.202905974 |
| 2044 | 0至14岁人口数 | 134355191 | 182297538 | 217788000 | 275955954 |
| | 15至64岁人口数 | 801640375 | 854774058 | 890224245 | 944037109 |
| | 64岁以上人口数 | 310783269 | 310783269 | 310783269 | 310783269 |
| | 总人口数 | 1246778835 | 1347854865 | 1418795514 | 1530776332 |
| | 少年人口比重 | 0.107761848 | 0.135250124 | 0.153502036 | 0.180271897 |
| | 劳动年龄人口比重 | 0.642969188 | 0.634173664 | 0.627450705 | 0.616704798 |
| | 老年人口比重 | 0.249268964 | 0.230576212 | 0.219047259 | 0.203023304 |
| 2045 | 0至14岁人口数 | 132400445 | 181917344 | 218879725 | 279825326 |
| | 15至64岁人口数 | 792669643 | 848153581 | 885184475 | 941447501 |
| | 64岁以上人口数 | 311376949 | 311376949 | 311376949 | 311376949 |
| | 总人口数 | 1236447037 | 1341447874 | 1415441149 | 1532649776 |
| | 少年人口比重 | 0.107081372 | 0.135612682 | 0.154637107 | 0.18257617 |
| | 劳动年龄人口比重 | 0.641086613 | 0.632267267 | 0.625377096 | 0.614261337 |
| | 老年人口比重 | 0.251832015 | 0.232120051 | 0.219985797 | 0.203162493 |

续表

| 年份 | | 生育率为1.3 | 生育率为1.6 | 生育率为1.8 | 生育率为2.1 |
|---|---|---|---|---|---|
| 2046 | 0至14岁人口数 | 130527434 | 181488359 | 219804874 | 283339878 |
| | 15至64岁人口数 | 783155531 | 841091619 | 879801982 | 938693358 |
| | 64岁以上人口数 | 311984640 | 311984640 | 311984640 | 311984640 |
| | 总人口数 | 1225667605 | 1334564618 | 1411591496 | 1534017876 |
| | 少年人口比重 | 0.106494969 | 0.135990687 | 0.155714224 | 0.184704417 |
| | 劳动年龄人口比重 | 0.638962413 | 0.630236714 | 0.62326954 | 0.611918135 |
| | 老年人口比重 | 0.254542617 | 0.2337726 | 0.221016237 | 0.203377447 |
| 2047 | 0至14岁人口数 | 128699303 | 180964586 | 220511517 | 286440005 |
| | 15至64岁人口数 | 773178473 | 833674260 | 874166509 | 935868783 |
| | 64岁以上人口数 | 312541674 | 312541674 | 312541674 | 312541674 |
| | 总人口数 | 1214419450 | 1327180520 | 1407219700 | 1534850462 |
| | 少年人口比重 | 0.10597599 | 0.136352654 | 0.156700135 | 0.186624047 |
| | 劳动年龄人口比重 | 0.636665094 | 0.628154382 | 0.621201159 | 0.609745904 |
| | 老年人口比重 | 0.257358917 | 0.235492964 | 0.222098706 | 0.203630048 |
| 2048 | 0至14岁人口数 | 126883895 | 180305048 | 220952790 | 289070258 |
| | 15至64岁人口数 | 762627077 | 825796188 | 868176886 | 932878279 |
| | 64岁以上人口数 | 313204654 | 313204654 | 313204654 | 313204654 |
| | 总人口数 | 1202715626 | 1319305890 | 1402334330 | 1535153191 |
| | 少年人口比重 | 0.105497835 | 0.136666598 | 0.157560708 | 0.188300594 |
| | 劳动年龄人口比重 | 0.63408761 | 0.625932314 | 0.619094083 | 0.607677647 |
| | 老年人口比重 | 0.260414555 | 0.237401088 | 0.223345209 | 0.204021759 |

续表

| 年份 | | 生育率为1.3 | 生育率为1.6 | 生育率为1.8 | 生育率为2.1 |
|---|---|---|---|---|---|
| 2049 | 0至14岁人口数 | 125055554 | 179477799 | 221092768 | 291188323 |
| | 15至64岁人口数 | 751410220 | 817371086 | 861750001 | 929643468 |
| | 64岁以上人口数 | 314138315 | 314138315 | 314138315 | 314138315 |
| | 总人口数 | 1190604089 | 1310987200 | 1396981084 | 1534970106 |
| | 少年人口比重 | 0.105035381 | 0.136902785 | 0.158264683 | 0.189702928 |
| | 劳动年龄人口比重 | 0.631116781 | 0.623477549 | 0.616865905 | 0.605642719 |
| | 老年人口比重 | 0.263847838 | 0.239619666 | 0.224869412 | 0.204654354 |
| 2050 | 0至14岁人口数 | 123195960 | 178461129 | 220907950 | 292767059 |
| | 15至64岁人口数 | 739487859 | 808361951 | 854850787 | 926132493 |
| | 64岁以上人口数 | 315468395 | 315468395 | 315468395 | 315468395 |
| | 总人口数 | 1178152214 | 1302291475 | 1391227132 | 1534367947 |
| | 少年人口比重 | 0.1045671 | 0.137036241 | 0.158786402 | 0.190806292 |
| | 劳动年龄人口比重 | 0.627667504 | 0.620722754 | 0.614458105 | 0.603592179 |
| | 老年人口比重 | 0.267765397 | 0.242241004 | 0.226755494 | 0.205601528 |

## 第二节　温室气体排放的区域实证分析：京津冀地区

### 1. 背景

工业革命以来，生产力突飞猛进的发展在给人们带来巨大财富的同时，也给自然生态系统带来了严重的负面影响，由人类活动所排放的各类废弃物造成了全球范围内的生态环境恶化,已成为影响和制约各国经济社会发展的突出问题。其中,全球气候变暖是人类面临的最为严峻的环境问题,而造成这一趋势的主要原因是人类对化石能源的消耗所造成的温室气体排放。专家们指出,若二氧化碳浓度以目前的趋势增加,各种气候灾害和极端天气发生的概率将大大增加。对发展中国家而言,相当大部分的人口居住在易受到气候变化和极端天气事件影响的边缘化地区,在可预见的未来,发展中国家受气候变化影响的人口规模将不断扩大。中国作为世界上人口最多的发展中国家,正处于压缩型与赶超型的工业化进程中,人口结构的快速转变、城市化进程的加快和经济的快速发展给我国的资源、环境带来了很大的压力;同时作为全球二氧化碳排放量最大、能源消费总量最大的国家,中国在应对全球气候变化、参与国际气候谈判上也面临着严峻的挑战。

与此同时,我国在30多年的改革开放中取得了举世瞩目的经济发展成绩,但也付出了沉重的资源环境代价,如水资源短缺、空气质量恶化、土地荒漠化及植被破坏严重等。近年来我国中东部地区,尤其是京津冀地区甚至多次出现了持续的大范围的雾霾天气,已引起了政府、理论界和普通民众的广泛关注。为此,中央和各地方政府相继出台了一系列大气污染治理方面的政策,以期实现党的十八大报告中提出的“努力建设美丽中国,实现中华民族永续发展”的宏伟目标。

京津冀地区是我国经济增长的第三极,被誉为21世纪中国最具发展潜力的都市圈,但同时它也是我国大气污染最为严重的地区之一。2013年环保部的城市空气质量监测结果显示,京津冀区域的空气污染最重(平均达标天数比例仅为37.5%),全国空气质量最差的10个城市中有7个在京津冀地区。快速恶化的空气质量已严重影响了京津冀地区的经济社会发展，危及人们身体健康。为此，对影响京津冀地区空气质量的各因素做进一步深入的研究与分析，不仅有利于我国在建设资源节约型、环境友好型社会中取得重大进展，同时也对实现我国生态文明建设目标具有十分重要的理论价值与现实意义。

## 2. 文献回顾

随着全球气候变化的加剧，人类社会对造成大气污染及全球变暖的主要因素——二氧化碳排放问题越来越重视，学术界对该领域的关注也在不断加强。

国外学者对于碳排放的研究，主要集中在经济发展、人口规模、老龄化、技术进步以及城市化等方面。伯索尔（1992）认为：一方面，更多的人口会导致更多的能源需求，而更多的能源消费又导致了更多的温室气体排放；另一方面，人口规模的迅速扩张致使森林遭到破坏，从而改变了土地的利用方式，这造成了碳排放量的增加。克纳普（1996）进行了全球二氧化碳排放量与全球人口之间的因果关系检验，结果显示二者不存在长期协整关系，但全球人口确实是全球碳排放量增长的原因。钟（2004）的研究则证实城市化和工业化是导致韩国 50 多年来平均气温升高的主要原因。道尔顿（2007）的研究结果表明，技术变动的净影响在 21 世纪上半叶是增加碳排放，而人口老龄化的净影响是降低碳排放，且在一定条件下，人口老龄化对碳排放和气候变化的影响比技术变动的作用更为显著。

近年来，国内学者也从人口、经济以及城镇化等角度对我国二氧化碳排放量或气候变化的相关领域进行了广泛的研究：任国玉等（2005）的研究表明，城市化因素对中国地面平均气温具有显著影响；朱勤等(2010)的分析结果显示居民消费水平与人口结构变化对碳排放的影响力已高于人口规模变化的影响力；蒋耒文(2010)认为人口老龄化是影响发达国家温室气体排放的重要人口因素，而城镇化水平则在发展中国家具有更重要的意义；宋杰鲲(2010)的实证分析显示劳动年龄人口占人口总数的比例越大，二氧化碳排放量的增速反而会有所减缓；李楠等(2011)的研究表明，1995年至2007年，城镇化率、恩格尔系数、第二产业就业人口比重对中国的碳排放量有正向的影响，而人口规模与人口老龄化会减少碳排放；王芳等(2012)认为，人口的结构性因素与碳排放具有非线性的关系，并在进一步的研究中提出人口规模已不再是造成环境压力的主要原因(2013,2014)。

总体来看，多数学者都认同经济发展、能源消耗及能源结构、人口规模、人口的结构性变化以及居民消费、技术进步等因素与二氧化碳排放量有显著的相关关系，但各因素对不同地区、不同时期的影响却并不完全一致。因此，在对以往研究文献的梳理与总结的基础上，本节将运用历史宏观数据对京津冀地区的经济发展水平、产业结构、人口规模、人口的结构性因素以及城镇化水平等变量与二氧化碳排放总量之间的关系进行梳理与计量分析，进一步深入探讨有效减少温室气体排放量的途径与方法，以期为政府决策者制定相关政策提供理论依据。

### 3. 测算方法

二氧化碳排放量的计算公式可表述如下：

$$CO_2 = (E \times H \times C) \times O \times (44/12) \tag{4.7}$$

其中，$CO_2$ 为二氧化碳排放量；E 为各能源品种的终端消费量；H 为各能源品种的热量值；C 为各能源品种的含碳量；O 为各能源品种的碳氧化率；(44/12)为 $CO_2$ 与 C 的分子量比率，即将碳转化为二氧化碳。

根据《中国能源统计年鉴》中公布的各品种能源低位发热量和《省级温室气体清单编制指南》《2006 年 IPCC 国家温室气体清单指南》中公布的我国各主要能源的含碳量、碳氧化率，按照上文介绍的方法进行计算，得到我国各主要能源品种的碳排放系数，如表 4.8 所示。

**表 4.8　各主要能源品种的碳排放系数**

| 能源品种 | 碳排放系数(万吨) | 能源品种 | 碳排放系数(万吨) |
|---|---|---|---|
| 煤(万吨) | 1.975 | 液化石油气(万吨) | 3.101 |
| 焦炭(万吨) | 2.86 | 炼厂干气(万吨) | 3.008 |
| 其他煤气(万吨) | 0.816 | 天然气(亿立方米) | 2.162 |
| 原油(万吨) | 3.02 | 煤制气(亿立方米) | 0.816 |
| 汽油(万吨) | 2.925 | 电力(亿千瓦小时) | 1.246 |
| 柴油(万吨) | 3.096 | 其他石油制品(万吨) | 3.005 |
| 燃料油(万吨) | 3.17 | 其他焦油制品(万吨) | 2.404 |
| 煤油(万吨) | 3.033 | | |

数据来源：根据《省级温室气体清单编制指南》及《2006 年 IPCC 国家温室气体清单指南》中数据整理计算得到。

## 4. 现状描述

(1)数据来源

如表 4.9 所示，京津冀地区的 1995 年至 2012 年能源消费实物量数据来自历年《中国能源统计年鉴》，采用的是包含终端消费量、损失量以及加工转换投入产出量在内的全部能源实物消费总量，以全面测算并掌握三地的二氧化碳排放总量。

京津冀历年的能源消费总量、万元生产总值能耗、地区生产总值、地区人均生产总值、三次产业产值、常住人口总量、人口密度、最终消费等数据分别来自《北京统计年鉴2013》《天津统计年鉴2013》《河北统计年鉴2013》；城镇化率数据中2005年至2012年来自《中国人口与就业统计年鉴》，1994年至2004年的北京与天津城镇化率由历年城镇人口除以常住人口得到，河北省数据则由历年《中国人口统计年鉴》中的抽样城镇人口数除以抽样总数计算得到；少年人口比重数据中，1995年至2011年的值根据中经专网数据库中各年龄人口数除以人口总数得到，2012年数据则来自各地2013年统计年鉴；各地人口密度由常住人口数除以土地面积得到。

**表4.9 京津冀历年二氧化碳排放总量(单位:万吨)**

| 时间 | 北京 | 天津 | 河北 | 时间 | 北京 | 天津 | 河北 |
|---|---|---|---|---|---|---|---|
| 1995 | 13348.09 | 9854.20 | 33400.55 | 2004 | 15862.02 | 16155.50 | 59546.31 |
| 1996 | 13587.87 | 9597.54 | 34697.01 | 2005 | 16210.18 | 17231.69 | 73516.68 |
| 1997 | 13588.60 | 10247.68 | 36252.11 | 2006 | 16375.43 | 18408.99 | 80072.28 |
| 1998 | 13349.27 | 10034.47 | 36212.76 | 2007 | 17427.67 | 19465.97 | 89635.47 |
| 1999 | 13810.91 | 10517.79 | 36966.26 | 2008 | 18171.17 | 19219.40 | 93345.17 |
| 2000 | 14392.58 | 11476.93 | 38809.39 | 2009 | 18171.17 | 20466.75 | 101728.43 |
| 2001 | 14196.94 | 12460.59 | 40098.81 | 2010 | 18630.31 | 27240.11 | 108522.61 |
| 2002 | 14592.99 | 13588.19 | 44342.44 | 2011 | 17574.50 | 29928.41 | 123186.51 |
| 2003 | 14991.48 | 14076.07 | 50019.62 | 2012 | 16966.84 | 27968.53 | 125564.28 |

数据来源：根据京津冀历年各品种能源消费量乘以表4.8中的各能源碳排放系数得到。

（2）现状描述

从历年的碳排放总量来看，如图 4. 11 所示，河北显著高于其他两市，天津的碳排放量在 2004 年之后一直高于北京。京津两市在 2012 年时均较 2011 年有所下降，而河北始终处于增长趋势。从增长速率来看，河北的碳排放增长最快，年均增长 8. 27%；其次是天津，年均增速达 6. 64%；北京增速在三地之中最慢，仅 1. 47%，且近两年一直处于下降趋势。

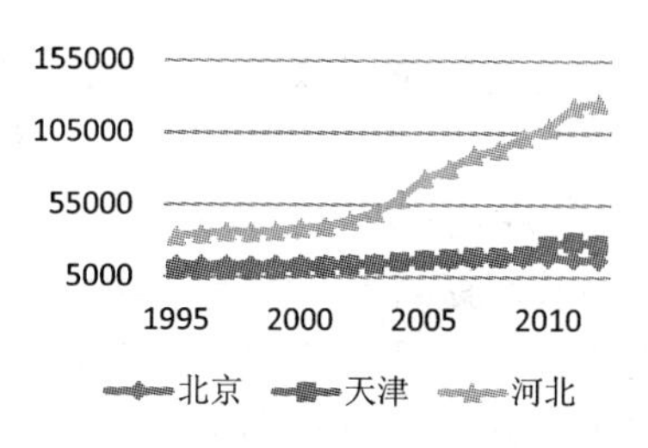


**图 4. 11　1995—2012 年三地碳排放量**

从能源消费总量来看，京津两市的能源消费总量增长较二氧化碳排放量的增长量更多，年均增长率分别达到 4. 29%、7. 26%，而河北的能源消耗增长略低于其碳排放，年均增速为 7. 6%，说明京津两市的能源使用效率均有所提高，而河北的能效则有所下降。纵向比较来看，天津近年的增长速率快于过去，而京冀两地的增速则有所放缓，如图 4. 12 所示。但从总量来看，河北的能源消耗最多，2012 年达到 30250. 2 万吨标准煤；北京则最低，2012 年能源消费总量为 7177. 7 万吨标准煤；天津略高于北京，为 8208. 01 万吨标准煤。

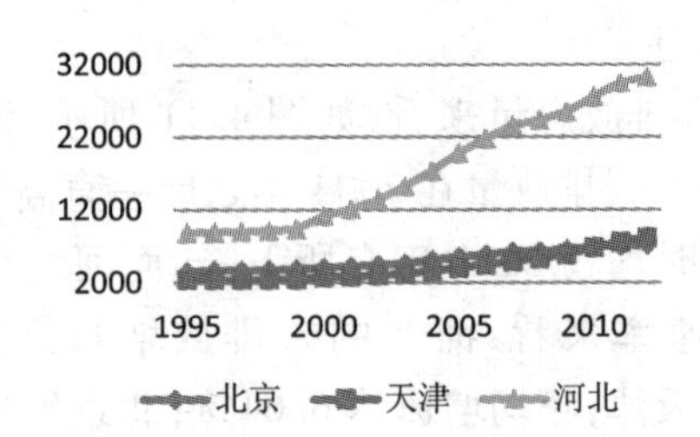


图 4. 12　1995—2012 年三地能源消费量

以万元 GDP 的能耗衡量能源使用效率，京津冀三地的能效均呈逐步提高的态势，如图 4. 13 所示。其中，北京的能效提高率最高，万元 GDP 能耗由 1995 年的 2. 34 吨减少到 2012 年的 0. 436 吨，能源使用效率提高了 5 倍多，年均提高 9. 23%；天津、河北的能效年均提高分别达 7. 78%、5. 59%，与 1995 年相比，天津和河北 2012 年的能效分别提高了 4 倍和 2. 74 倍。

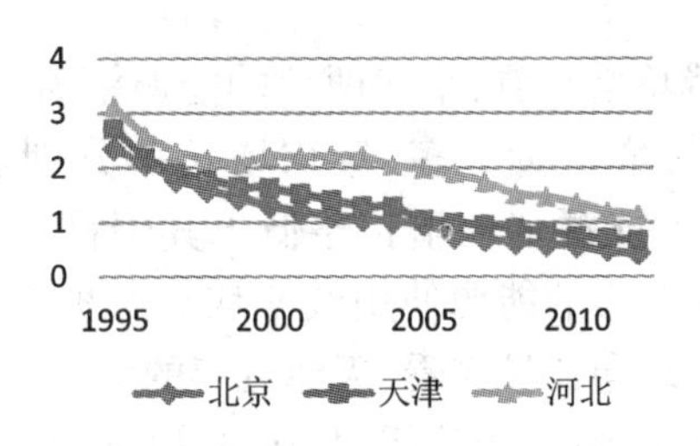


图 4. 13　1995—2012 年三地万元 GDP 能耗

图 4. 14、图 4. 15 分别描述了北京、天津、河北三地自 1995 年至 2012 年的经济增长情况。2012 年三地的 GDP 总量分别为 17879. 4 亿元、12893. 9 亿元、26575 亿元，年均增长率分别为 15. 7%、16. 85%、14. 16%，三地的经济总量增长速度均高于全

国 GDP 的增速。2012 年京津冀的人均 GDP 分别为 87475 元、93173 元、36584 元，河北的人均 GDP 虽显著少于京津两市，但从平均增速来看仅略低于天津的 14.3%，高于北京的 12.08%，达到 13.32%。

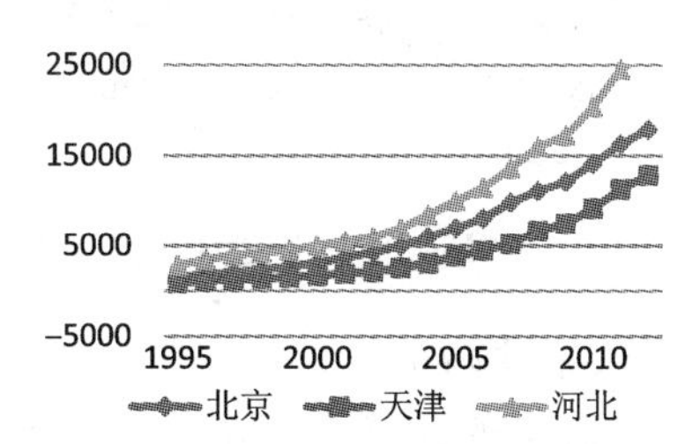


图 4.14　1995—2012 年三地 GDP

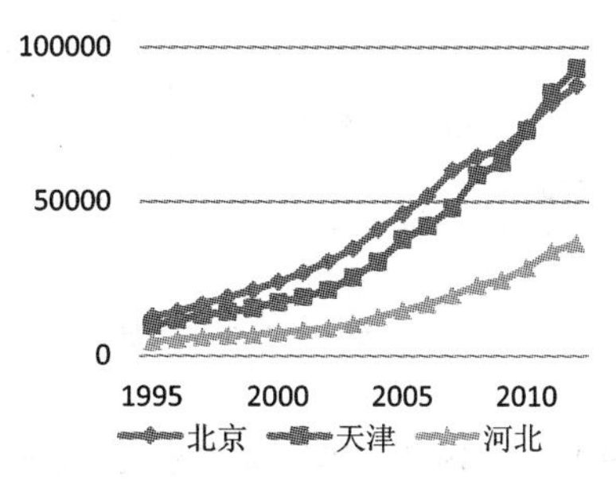


图 4.15　1995—2012 年三地人均 GDP

从人口角度来看，北京、天津都是超级大城市。2012 年末，北京市的常住人口规模达到 2069 万人，天津人口总量相对较小，拥有 1413.2 万人口，而河北省全省有 7288 万人，如图 4.16 所示。从人口增长率来看，河北省的增速显著小于京津两市，增长率仅为0.73%,京津的人口增速则分别为3.03%和2.43%。

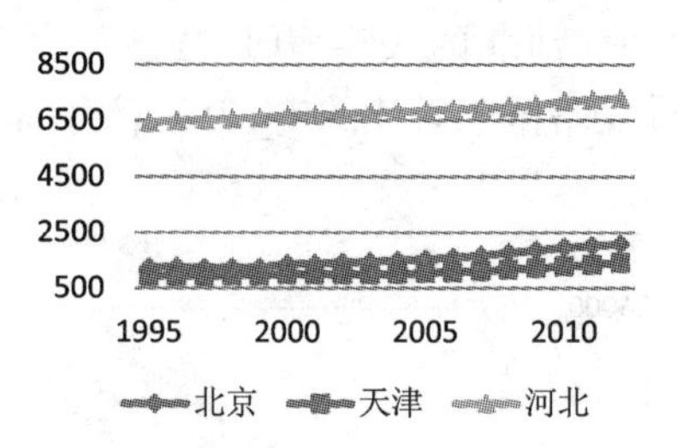


图4.16 1995—2012年三地人口规模

由图4.17可知,京津两市的人口密度远高于河北省,2012年北京、天津每平方公里的人口为1261人、1186人,是河北省每平方公里388人的3倍多。

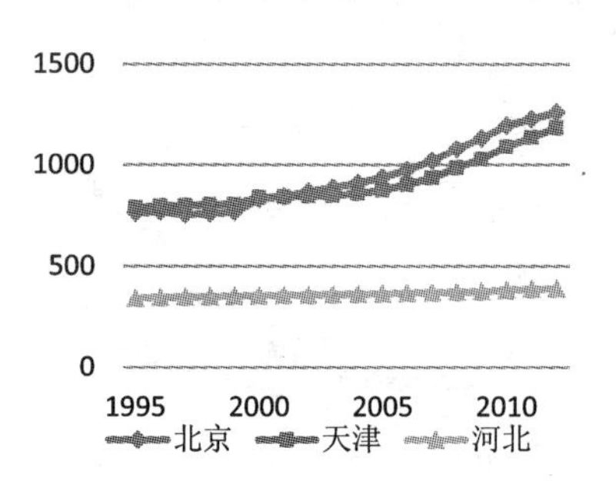


图4.17 1995—2012年三地人口密度

京津两市的城镇化率均处于极高水平,2012年两市的城镇化率分别达到86.2%和81.6%,远高于全国平均水平;河北2012年的城镇化率为46.8%,低于全国平均水平,如图4.18所示。纵向比较来看,北京、天津的城镇化率由于一直处于较高水平,因而其增速并不高,年均增长率仅为0.78%和1.6%,而河北的城镇化率年均增速达 5. 17%。

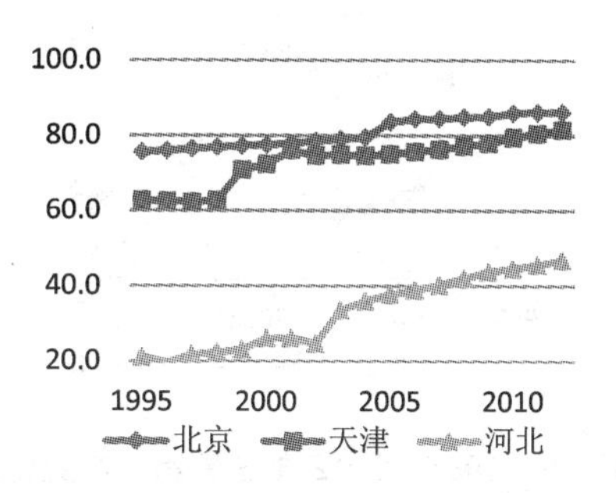


图 4. 18　1995—2012 年三地城镇化率

从产业结构来看，如图 4. 19 和图 4. 20 所示，京津两市的第一产业占 GDP 比重均较小，2012 年一产比重仅分别为 0. 84%、1. 33%，而河北则为 12%。从第二、第三产业占比来看，北京的第二产业显著减少，而第三产业占比显著增长，2012 年北京的第二、第三产业占比分别为 22. 7% 和 76. 46%。而天津和河北两地的第二产业占比仍超过地区生产总值的一半，2012 年分别达到 51. 68% 和 52. 69%。从年均增速来看，天津已处于逐渐减少的趋势中，年均增速为 -0. 41%；而河北仍处于增长阶段中，年均增速为 0. 77%。天津和河北 2012 年第三产业占比分别为 46. 99% 和 35. 31%，年均增速分别为 1. 32% 和 0. 72%。说明天津、河北的经济增长仍较为依赖于第二产业，而第二产业属高碳行业，逐步减少第二产业的比重有利于减少二氧化碳排放总量。可见，京津冀地区的碳排放主要来自天津、河北的高碳产业，应尽快转变两地的经济发展模式，以改善京津冀地区不断恶化的空气质量。

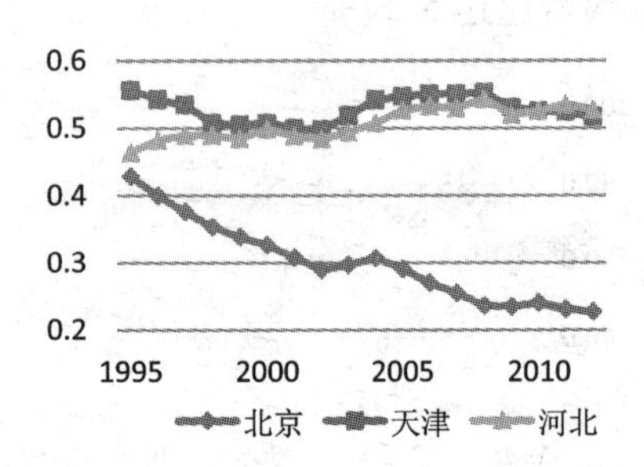


图 4.19　1995—2012 年三地第二产业比重

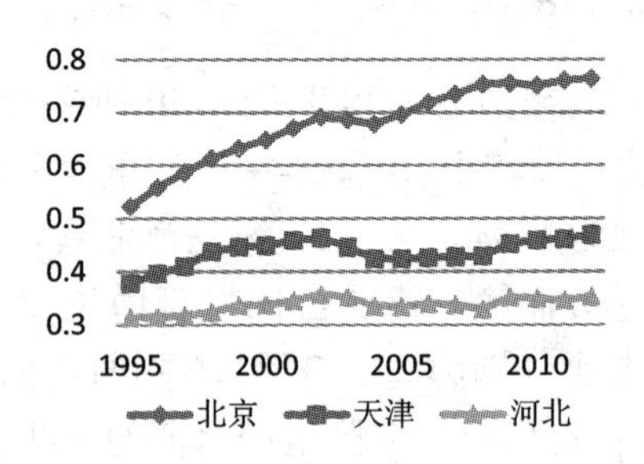


图 4.20　1995—2012 年三地第三产业比重

## 5. 数理分析

(1)建立模型

STIRPAT 模式是用于分析人口规模、人均财富、技术水平与环境影响之间关系的非比例影响随机模型,该模型是在 IPAT 模型的基础上扩展而来。IPAT 模型是由埃利希(Ehrlich)首次提出,用于反映人口对环境压力的影响,但该模型无法解决各因素不同比例变化以及难以做计量经验研究的问题。STIRPAT 模型突破了这一限制,同时又保留了原模型中的乘法结构,确认了人口、经济和技术是影响环境的三个主要因素。

具体可表述如下:

$$I = \alpha P^{\beta} A^{\delta} T^{\lambda} u \tag{4.8}$$

其中,I 为环境影响,在此处指二氧化碳排放总量;P 为人口因素;A 为人均财富;T 为技术水平;β、δ、λ 分别为各因素的影响系数;α 为常数项;u 为随机扰动项。

为更加清晰人口结构对碳排放量的影响,本书将 STIRPAT 模型中的 P 进一步分解为包括人口规模、人口年龄结构和以城镇人口比重为指标的城镇化率等变量在内的综合人口因素,并对各变量采用对数形式,以降低数据中可能存在的异方差问题,消除变量中的波动趋势,从而得到弹性关系的等式。分解后的 STIRPAT 模型可作如下表述:

$$\ln I_t = \alpha_t + \beta_t \ln P(\text{age}, \text{urban}) + \delta_t \ln A_t + \lambda_t \ln T_t + u_t \tag{4.9}$$

其中,age 为人口年龄结构,包括劳动年龄人口比(即 15 至 64 岁人口数占人口总数的比例)、14 岁及以下少年人口比例、65 及以上老年人口比例;urban 为城镇化率,即城镇人口占总人口的比重;下标 t = 1995,1996,…,2012,代表样本时间。

(2)变量选择及描述

具体而言,本书选取如下变量:

①二氧化碳排放量(I),根据上文介绍的方法计算得到(单位:万吨)。

②人口规模,计算所有的常住人口,不仅包括具有本市户籍的人口,同时也包括在本市居住超过 6 个月以上的非本市户籍

人口,即常住外来人口(单位:万人)。

③人均财富(A),即人均 GDP,以当年 GDP 总额除以当年常住人口总数得到(单位:元)。

④技术水平(T),即能源消费使用效率,以能源消耗总量除以 GDP 得到单位 GDP 的能源消耗量。能源消耗总量以标准煤为计量单位,采用统一的热值标准。我国规定每千克标准煤的热值为 29306 千焦。将不同品种、不同含量的能源按各自不同的热值换算成每千克热值为 29306 千焦的标准煤(单位:万吨标准煤)。

⑤三次产业占 GDP 比重,用历年统计年鉴中三次产业产值除以当年地区生产总值得到(单位:%)。

⑥城镇化率,用城镇常住人口数除以总人口数得到(单位:%)。

⑦少年人口比重,0 至 14 岁人口占总人口的百分比(单位:%)。

⑧最终消费支出,指常住单位在一定时期内对于货物和服务的全部最终消费支出,也就是常住单位为满足物质、文化和精神生活的需要,从本国经济领土和国外购买的货物与服务的支出,不包括非常住单位在本国经济领土内的消费支出。最终消费分为居民消费和政府消费,数据按当年价格计算(单位:亿元)。

各变量的基本统计信息如表 4.10 所示。

表 4. 10　各变量的数据统计值报告

| 解释变量 | 观测数 | 平均值 | sd | 最小值 | 最大值 |
|---|---|---|---|---|---|
| 碳排放总量(万吨) | 54 | 33057. 47 | 30767. 67 | 9597. 536 | 125564. 3 |
| GDP(亿元) | 54 | 7386. 452 | 6149. 92 | 931. 97 | 26575. 01 |
| 人均 GDP(元) | 54 | 31985. 52 | 24507. 03 | 4444 | 93173 |
| 能源消费总量(万吨标准煤) | 54 | 8992. 722 | 7678. 074 | 2452. 34 | 30250. 21 |
| 能源消费使用效率(单位 GDP 能耗) | 54 | 1. 479728 | 0. 6428678 | 0. 436 | 3. 120669 |
| 碳排放强度(单位能耗碳排放) | 54 | 3. 632407 | 0. 5086228 | 2. 363827 | 4. 4962 |
| 单位 GDP 碳排放量 | 54 | 5. 426171 | 2. 660691 | 0. 9489601 | 11. 72147 |
| 第一产业产值占 GDP 比重(%) | 54 | 7. 02213 | 6. 47625 | 0. 83867 | 22. 15601 |
| 第二产业产值占 GDP 比重(%) | 54 | 44. 51867 | 11. 0503 | 22. 70378 | 55. 6402 |
| 第三产业产值占 GDP 比重(%) | 54 | 48. 4592 | 15. 13527 | 31. 42319 | 76. 45615 |
| GDP 增长率(%) | 54 | 8. 563516 | 0. 867442 | 6. 8373 | 10. 18773 |
| 人口规模(万人) | 54 | 3150. 593 | 2635. 958 | 941. 83 | 7287. 51 |
| 城镇化率(%) | 54 | 51. 48261 | 36. 89457 | 0. 1953089 | 86. 23303 |
| 老年人口比重(%) | 54 | 9. 2489 | 1. 83587 | 6. 25534 | 14. 55677 |
| 少年人口比重(%) | 54 | 15. 74054 | 5. 17625 | 8. 56706 | 28. 42833 |
| 最终消费支出(亿元) | 54 | 3408. 051 | 2811. 34 | 423. 04 | 11081. 1 |

(3)回归分析

根据上文建立的理论模型与变量选择,本书采用面板数据模型进行计量实证分析,面板数据同时包含了时间序列与截面数据的信息,能够反映京津冀三地之间存在的异质性(即时间上和空间上的异质效应),并避免多重共线性的问题。我们根据对个体特定效应的不同假设,分别用固定效应模型及随机效应模型对所建立的计量模型进行回归,并结合 Hausman 检验结果在这两种模型中进行选择。

实证回归中的被解释变量为三地的碳排放量(取对数),解释变量包括均取对数的人口规模、人均 GDP、单位 GDP 能耗、最终消费支出,以及未取对数的第二及第三产业产值占 GDP 比重、城镇化率及少年人口比重等变量。

回归结果显示个体固定效应模型更适用于本书,因而我们以个体固定效应模型分别对总样本及北京、天津、河北的碳排放量进行实证分析,具体的实证研究结果如表 4.11 所示。

**表 4.11 回归结果**

| 碳排放 | 总样本 | 北京 | 天津 | 河北 |
|---|---|---|---|---|
| 人均 GDP | 0.6760552 *** | 0.4385604 | -0.2640234 | 1.911031 *** |
| 人口规模 | -0.8954557 *** | 0.3559912 | 1.064448 | -5.825944 ** |
| 单位 GDP 能耗 | 0.6576041 *** | 0.4552747 ** | -1.046462 | 0.7411657 *** |
| 第一产业比重 | 0.8404248 | 8.685937 | 29.57424 ** | 0.1673327 |
| 第二产业比重 | 1.625067 ** | -1.754761 | 3.843562 | 0.1154919 |
| 最终消费支出 | 0.4225757 ** | -0.0660472 | 0.2367705 | -0.4526271 |
| 城镇化率 | 0.0057368 | -0.7643399 | -5.003679 * | 2.882191 *** |
| 少年人口比重 | 2.006327 ** | 0.0090989 | 0.018773 | 0.14562 |
| 常数项 | 5.315244 ** | 2.674737 | -0.2428775 | 46.93352 ** |
| R-sq:within = | 0.9742 | 0.9677 | 0.9863 | 0.9981 |

续表

| 碳排放 | 总样本 | 北京 | 天津 | 河北 |
| --- | --- | --- | --- | --- |
| Between = | 0.9594 | | | |
| Overall = | 0.3412 | 0.9677 | 0.9863 | 0.9981 |
| Hausman 检验:<br>chi2(8)=41.79 | F(2,43)=20.59 | F(8,9)=33.68 | F(8,9)=81.04 | F(8,9)=597.99 |
| | Prob > chi2<br>=0.000 | Prob > F<br>=0.000 | Prob > F<br>=0.0669 | Prob > F<br>=0.000 |

注：*、**、*** 分别表示估计系数在 10%、5%、1% 水平上具有显著性。

总样本回归的结果显示，人均 GDP、单位 GDP 能耗、最终消费、少年人口比重等变量均与京津冀地区的碳排放量显著正相关，而与第三产业占 GDP 比重相比较，第二产业占比的提高将会使碳排放量进一步增加。人口规模的增长能够显著地抑制京津冀地区的二氧化碳排放。

从正相关各变量的系数估计来看，对碳排放量影响最大的是少年人口比重的提高，其次是第二产业占 GDP 的比重，再次是人均 GDP、单位 GDP 的能耗以及最终消费支出，而城镇化率的影响不具有统计显著性，说明总体来看，京津冀地区的城镇化已经不再是造成碳排放的主要原因，而人口的结构性变化以及产业结构才是碳排放量增加的重要来源。

需要特别注意的是，从京津冀地区总体来看，人口规模的扩张能够显著抑制二氧化碳的排放，这是与以往研究非常不同之处。通常认为，人口规模的增大，会由于需求扩张而造成更大规模的能源消耗，并由此造成二氧化碳排放的增加，使空气质量状况变差；但我们也应该看到，随着经济社会的发展也使得人们对于环境质量的要求更高，人们的生活质量得到相应的提高，从而能够促进经济结构与能源消费结构的调整，并增加对污染治理的投资，同时人口素质的提高与技术进步都有利于环境保护与污染治理，最终使得包括空气质量在内的环境状况得以改善。此外，样本数据显示，1995年至2012年京津冀地区人口年均增长率约为2.07%，尤其是河北地区年均增长率仅为0.73%，该地区已进入人口总量的低增长阶段，而人口为经济的增长提供了必要的劳动力与人力资源支持，由此可见京津冀地区的人口增长已不再是空气质量恶化的主要压力，而由人口的适度增长带来的经济结构、消费结构等方面的变化则对空气质量有着一定的改善作用。

从分地区的回归来看，北京的碳排放仅与单位GDP能耗显著正相关，而其他变量的影响并不明显。天津的城镇化水平提高将会减少二氧化碳的排放，而与第三产业相比，第一产业将显著增加该市的碳排放，但第二产业的碳排放却并不明显多于第三产业。河北方面，人均GDP的提高、单位能耗的增加以及城镇化水平的进一步发展都将显著促进二氧化碳的排放，而人口规模的扩张则能够抑制碳排放。这说明在制定相关政策实现碳减排的过程中，三地应根据各地实际情况采取不同的措施有针对性地减少二氧化碳的排放。例如，北京应重点提高能源的使用效率，减少单位GDP的能耗；天津应继续以低碳模式进一步提高城镇化水平；而河北则应在追求经济的快速发展中，注意转变发展模式，并积极吸引人才，提高能源使用效率，加强经济发展的质量，实现经济与环境的双赢发展。

### 6. 小结

通过对北京、天津及河北三地1995年至2012年的宏观数据的收集与整理，根据《省级温室气体清单编制指南》及《2006年IPCC国家温室气体清单指南》的方法及相关参数对三地历年的二氧化碳排放量进行计算，总结并描述了京津冀地区二氧化碳排放量的变化规律以及经济、人口等宏观变量的发展趋势，并采用面板回归模型实证分析经济增长、技术进步、人口因素与京津冀地区碳排放量的数理关系。

回归结果显示，产业结构与少年人口比重对京津冀地区碳排放总量的增长有着明显的促进作用，同时人均GDP、单位GDP能耗和最终消费支出也与碳排放量显著正相关，而人口规模则与碳排放量呈负相关关系。此外，与第三产业相比，第二产业的发展将会显著促进京津冀地区二氧化碳排放量的增加。

分地区来看，对北京而言降低单位GDP能耗是减少碳排放的最主要途径，而天津的城镇化水平提高能够抑制碳排放增长。河北仍处于高碳的经济发展与城镇化进程模式当中，应积极推行低碳生产与消费模式，提高能源使用效率，以实现二氧化碳减排目标，为京津冀地区空气质量的改善贡献力量。

## 第三节　温室气体排放的地区实证分析：天津市[①]

### 1. 背景

联合国政府间气候变化专门委员会（IPCC）的观测数据显

① 本节内容于2014年3月发表在*Environmental Pollution and Public Health*，文章名为Tianjin's Situation of Carbon Emission and Corresponding Economic and Demographic Factors，作者为王芳、陈建新。

示,1906 年至 2005 年的一百年间全球平均气温升高了 0.74℃,到 21 世纪末全球平均气温升高幅度可能是 1.8～4℃,而造成这一趋势的主要原因是人类对化石能源的消耗所造成的温室气体排放。专家们指出,若二氧化碳浓度以目前的趋势增加,各种气候灾害和极端天气发生的概率将大大增加。由此,减少二氧化碳排放量已成为世界各国的共识,积极推行低碳经济模式已是今后世界经济发展的必然趋势。

在这种情况下,中国作为世界上人口最多的发展中国家,目前正处于赶超型的工业化进程中,人口结构的快速转变、城镇化进程的加快和经济的快速发展都给中国的资源、环境带来了很大的压力,如何在减缓全球气候变暖的国际合作中担负起一个大国应有的责任,已成为我国经济社会发展中必须审慎思考的重大课题。而天津作为我国的重工业城市、北方经济中心,在实现经济的迅速发展与城镇化的进一步深化的同时,有效减少碳排放总量、加快转变发展模式也是不可逃避的责任。

因此,在对天津市近几十年以来二氧化碳排放总量进行计算的基础上,掌握天津市的碳排放规律,并探寻以低碳发展模式实现可持续发展的路径与方法,对实现“美丽天津”建设及进一步强化天津市作为北方经济中心的地位均具有十分重要的现实意义与理论价值。

就以往的研究来看,多数学者都认同经济发展、能源消耗和能源结构、人口规模、人口的结构性变化以及技术进步等因素与二氧化碳排放量有显著的相关关系,城镇化进程加快往往也意味着碳排放总量的增加。而城镇化水平的提高是否必然造成二氧化碳排放量的增加,人口老龄化的加剧对我国的碳排放又会造成怎样的影响,要回答上述问题,还需要我们应用历史数据进行经验分析，以探寻适合我国国情的低碳发展途径。因此，我们将对天津市的经济发展水平、人口规模、人口的结构性因素以及城镇化水平等变量与二氧化碳排放总量之间的关系进行数理与计量分析，进一步深入探讨实现低碳经济的路径与方法，以期为政府决策者制定相关政策提供理论依据。

### 2. 排放现状

本节中1995—2011年的能源消费数据来自历年《中国能源统计年鉴》，1985—1994年能源消费数据来自历年《天津统计年鉴》。由于《天津统计年鉴》中未包括能源加工转换的损失量，为保持数据的一致性，我们采用的《中国能源统计年鉴》数据中也扣除了能源加工转换的损失量，仅包括终端消费量和损失量。

GDP、三产产值、工业产值、人均GDP、GDP增速等数据均来自《天津统计年鉴2012》。常住人口数中1985—1995年的数据来自《天津统计年鉴1996》、1996—2011年数据来自《天津统计年鉴2012》。15岁以下及64岁以上年龄人口数中，1985—1987年及2011年数据来自对应年份的《天津统计年鉴》，1988年数据根据《天津统计年鉴1991》中的负担人口系数估算而来，1990—2001年数据来自《1990年以来中国常用人口数据集》，2002—2010年数据来自中经专网数据库。城镇人口数中1983—1997年、1999—2004年及2010—2011年数据来自对应年份的《天津统计年鉴》，1998年数据来自《中国城市统计年鉴2000》，2005—2009年数据来自对应年份的《中国统计年鉴》。平均家庭规模数中1985—1987年数据来自《中国人口统计资料(1949—1985)》及《中国人口统计年鉴1989》，1988—1995年数据来自对应年份的《天津统计年鉴》，1996—2011年数据来自

《天津统计年鉴2012》。

根据《中国能源统计年鉴》中公布的各能源低位发热量及《省级温室气体清单编制指南》《2006年IPCC国家温室气体清单指南》中公布的我国各主要能源的含碳量、碳氧化率，按照上文介绍的方法进行计算，得到我国各主要能源品种的碳排放系数，并结合天津市历年的各能源消耗总量计算得到历年二氧化碳排放总量，如图4.21所示。

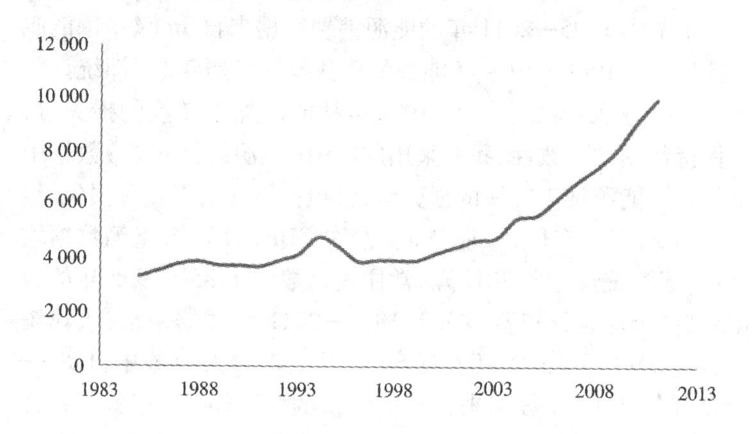


**图4.21 天津市历年二氧化碳排放总量**

从GDP总量来看，2011年全市GDP达到11307.28亿元，是1985年175.78亿元的约64倍，年均增长11.83%；其中工业产值占GDP比重达48.03%（1985年为59.62%）。产业结构变化较大，1985年二产产值占GDP比重达50.01%，2011年降至41.41%；一产比重也有所下降，由1985年的21.74%降至2011年的9.59%；三产比重增长明显，由1985年的28.23%上升至2011年的49.01%。

天津市的城镇化率由1985年的53.75%提高到2011年的80.5%;常住人口达到1354.58万人(1985年时为804.8万人),老龄化率达9.77%。

能源消耗方面,2011年全市的能源消费总量较1985年增长了3.5倍(2011年为7346.13万吨标准煤,1985年仅为1635.16万吨标准煤),占全国的能源消费总量约为2%(1985年为2.21%,2011年为2.22%)。其中第二产业消耗能源份额最大(1985年为66.3%,2011年进一步上升至73.07%)。

由终端能源消费测算的碳排放总量来看,全市的碳排放总量由2000年的4202.84万吨增加到2011年的9062.75万吨,增幅达115.63%,年平均增长率为7.31%。

### 3. 变量描述

以公式4.8和公式4.9为模型,选取如下变量(基本统计信息如表4.12所示):

(1)二氧化碳排放量(单位:万吨)。根据前文介绍的方法测算得到。

(2)人口规模(单位:万人)。计算所有的常住人口,不仅包括具有天津市户籍的人口,同时也包括在天津市居住超过6个月以上的非天津市户籍人口。

(3)人均财富(单位:元),即人均GDP,以当年生产总值总额除以当年常住人口总数得到。

(4)技术水平(单位:万吨标准煤),即能源消费使用效率,以能源消耗总量除以GDP得到单位GDP的能源消耗量。能源消耗总量以标准煤为计量单位,采用统一的热值标准。我国规定每千克标准煤的热值为29306千焦。将不同品种、不同含量的能源按各自不同的热值换算成每千克热值为29306千焦的标准煤。

(5)城镇化率(单位:%)。以城镇人口数除以总人口数作为衡量标准。

(6)少年人口比重(单位:%)。以0至14岁人口占总人口的比重作为衡量标准。

(7)老年人口比重(单位:%)。以65岁及65岁以上人口占总人口的比重作为衡量标准。

表4.12 各变量的数据统计值报告

| 变量名称及单位 | 观测数 | 平均值 | 标准差 | 最小值 | 最大值 |
|---|---|---|---|---|---|
| 碳排放总量(万吨) | 27 | 5111 | 1862 | 3363 | 10317 |
| 能源消费总量(万吨标准煤) | 27 | 3108 | 1546 | 1635 | 7346 |
| GDP(亿元) | 27 | 2575 | 3008 | 176 | 11307 |
| 能源使用效率(单位GDP能耗) | 27 | 3.238 | 2.871 | 0.650 | 9.302 |
| 碳排放强度(单位能耗碳排放) | 27 | 1.735 | 0.231 | 1.404 | 2.147 |
| 单位GDP碳排放量 | 27 | 6.175 | 6.029 | 0.912 | 19.132 |
| GDP增长率(%) | 27 | 11.833 | 4.191 | 1.600 | 17.400 |
| 人均GDP(元) | 27 | 23125 | 23817 | 2169 | 85213 |
| 人口规模(万人) | 27 | 994 | 140 | 805 | 1355 |
| 城镇化率/城镇人口比重(%) | 27 | 0.644 | 0.098 | 0.527 | 0.805 |
| 老年人口比重(%) | 27 | 0.871 | 0.173 | 0.061 | 0.098 |
| 少年人口比重(%) | 27 | 0.179 | 0.051 | 0.098 | 0.240 |

表4.12报告了各变量的基本统计信息,其中经济与人口等

数据的最大值均为2012年的数值，而最小值则为1985年的数值，而少年人口比重、单位GDP的能源消耗量则刚好相反，最大值为1985年数值，最小值为2012年数值。

由上表可知，2012年与1985年相比，天津市的碳排放量增长迅猛，增长了3倍多，而能源消费则增长了4倍多，GDP增长甚至超过了64倍，说明天津市的能源使用效率大幅度提高。

同时，天津市的GDP增长速度较快，2008—2011年均增长在16.4%以上，2010年更高达17.4%。在人口因素方面，天津市的常住人口规模在2012年达到约1355万人，是1985年的约1.68倍。同时，老龄化日趋严重，2012年老龄化率达9.77%；少年人口比重日益减少，2012年为9.81%。城镇化率增长快速，2012年天津市的城镇化率已达到80.5%。

## 4. 实证分析

就本书的研究而言，计量模型可表述如下：

$$\ln I_t = \ln A_t + \ln Ur_t + \ln GDP_t + (\ln P_t + \ln You_t + \ln Eld_t) + u_t \quad (4.10)$$

上式中，t为观测年份，$I_t$为各年份的碳排放当量，A为人均财富，T为技术水平（以城镇化为参考值），收入总值为GDP。人口变量主要有三项指标，分别为人口规模（P）、青少年扶养比例（You）、老年扶养比例（Eld）。$u_t$为随机扰动项。

根据以上建立的模型与变量选择，本书采用差分自回归移动平均模型（ARIMA）进行计量实证分析。ARIMA模型由布克斯和詹金斯（Box and Jenkins）于20世纪70年代提出，是指将非平衡时间序列转化为平稳时间序列，然后让因变量仅对它的滞后值以及随机误差项的现值和滞后值进行回归所建立的模型，其基本思想是将预测对象随时间推移而形成的数据序列视为一个随机序列,用一定的数学模型来近似描述这个序列。而 ARIMA 主要分成以下三部分:

(1)鉴定因变量模型(Identification)。主要有两部分:第一部分为检测因变量是否稳定时间序列(Stationary),主要使用 Dickey-Fuller Test 检验方法;第二部分主要以自相关函数(ACF)和偏自相关函数(PACF)来进行。通过以上两部分结果决定因变量的模型。

(2)估计因变量与自变量的关系模型(Estimation)。主要通过互相关(Cross-correlation)来定出因变量和自变量时间滞后及其相关度。由于观察值较少,在建立关系模型时我们采用后向剔除法(Backward Elimination),即先把所有自变量放入模型中,如果有自变量的 p 值大于 0.05,则剔除该变量,直至模型中的所有变量的 p 值均小于 0.05。

(3)诊断模型合适度(Diagnostic Checking)。主要由 Ljung-Box Q(18)来检测所得模型的随机扰动项有没有自回归问题,而 Kolmogorov-Smirnov Z 则用来检测所得模型的随机扰动项是否依从正态分布。

在检测因变量的稳定性时,我们主要以 Dickey-Fuller Test 结果为主,检测方程如下所示:

$$\Delta Y_t(=Y_t-Y_{t-1})=\alpha+\beta Y_{t-1}+\gamma t+u_t \qquad (4.11)$$

若因变量为不稳定时间序列,则 β 将等于零。而本书的分析结果显示 β 值为 -0.171,且其 p 值为 0.035,即 β 显著小于零,因此可以判定因变量为稳定时间序列。而从因变量的 ACF 和 PACF 的分布图形来看,因变量应为 AR(1)模型。

从因变量的去趋势(Detrended)的随机扰动项和自变量的

去趋势的随机扰动项的相关度中，只有 zero-order 的相关度有显著性关联。因此本书以下列模型进行分析：

$$\ln I_t = \ln A_t + \ln Ur_t + \ln GDP_t + (\ln P_t + \ln You_t + \ln Eld_t) + u_t \qquad (4.12)$$

最终得到表 4.13 的分析结果，且模型的随机扰动项检验结果显示，随机扰动项服从正态分布，并没有显著自回归问题。从结果可见，只有地区生产总值、人均 GDP 和少年人口比重等变量与碳排放量具有显著相关性，其中地区生产总值越高，二氧化碳排放量便越高，而人均 GDP 和少年人口比重则与碳排放量呈负相关关系。

**表 4.13　时间序列回归结果**

| 变量 | beta | s. e. | p-value |
| --- | --- | --- | --- |
| AR(1) | 0.687 | 0.158 | <0.001 |
| 地区生产总值 | 2.344 | 0.525 | <0.001 |
| 人均 GDP | -2.444 | 0.587 | <0.001 |
| 少年人口比重 | -0.391 | 0.173 | 0.034 |
| $R^2$ | 0.984 | | |
| Ljung-Box Q(18) | 16.156 | 17 | 0.513 |
| Kolmogorov-Smirnov Z(Normality) | | | 0.917 |

## 5. 小结

本节的研究结果与以往的相关研究类似，认为地区生产总值的增长是促使碳排放量增加的主要因素。但与其他研究结果不同之处在于,本节的实证分析表明,人均 GDP 和少年人口比重的提高能够显著抑制碳排放量的增长。其原因可能在于,人均 GDP 的提高往往意味着当地的人口素质不断提升,随着收入水平与知识水平的提高,当地居民对环境质量的要求也相应提高,对于环境污染问题更为关注;而少年人口比重比例的提高,也令当地居民更加注重本地区的可持续发展空间,可见环境保护与城市发展是密不可分的。

而人口规模以及人口老龄化率却与碳排放量没有显著的相关关系,一个可能的原因是我们的观察时间较短,样本量不足,造成相关统计效能较低,同时人口总量与人均生产值和生产总值可能存在较强的关系,因而也导致了该变量与碳排放量在实证分析中不具有统计显著性。此外,结果显示城镇化率也与碳排放量没有显著关系,以往的一般研究都发现城镇化率的提高通常增加二氧化碳的排放,而本书的研究结果却并未发现这一正相关关系,这可能与天津市较高的城镇化率有关。在追求经济社会的发展中,天津市政府也制定了减少能源消耗、减少碳排放的相关政策措施,因而天津的城镇化并没有显著促使全市的碳排放总量增长。

根据以上研究发现,我们提出以下三点建议:

(1)加大宣传教育。从世界上低碳经济发展较快国家的成功经验来看,普通民众的低碳意识培养对于低碳经济的发展至关重要。例如,英国要求所有新盖房屋在 2016 年必须达到零碳排放,目前新建房屋中至少有 1/3 要体现碳足迹减少计划,不使用一次性塑料袋,并建议、倡导人们购买、使用环保汽车,通过传播低碳经济信息与知识,循序渐进地改变国人的行为方式,并取得了积极的成效。而日本更是从幼儿园就开始向国民宣传环保知识,并积极实施涉及方方面面的低碳社会一揽子计划,从生活垃圾分类到开发城市矿山和新能源,日本在低碳经济方面成果丰硕。

随着经济社会的进一步发展,以及人口计划生育政策逐步由"一胎"向"二胎"过渡的现状,可以预期天津市的人均收入以及少年人口比重将进一步上升,这些都将为天津市减少碳排放起到积极的作用。因此,我们建议应进一步加大低碳、环保方面的舆论宣传,让民众掌握低碳信息与知识,了解低碳经济对于天津、全国和子孙后代的重要意义,并提供低碳生活方面的便捷服务,通过对民众低碳意识的培养,提高人们低碳出行、低碳消费的意识,深化天津市的环保工作力度,实现天津市以低碳发展模式发展经济、推进城镇化进程、建设美丽天津的长远目标。

(2)走低碳发展城镇化的道路。经过工业革命三百余年对自然资源的掠夺式开采,全球八成以上可工业化利用的矿产资源已从地下转移到了地上,并以"垃圾"的形态堆积在城市之中,总量更高达数千亿吨,并还在以每年百亿吨的规模持续增加,城市正成为一个个永不枯竭的"城市矿山"。我国已经发布了《国家废物资源化科技工程十二五专项规划》《废旧电器电子产品回收处理管理条例》《关于开展城市矿产示范基地建设的通知》等,并成立了包括天津市子牙循环经济产业区在内的7家全国首批城市矿产示范基地。

天津市应在此基础上,充分开发利用"城市矿山"资源,建立废旧电子产品的回收机制,充分开发废弃电子产品中的贵稀金属,既可减少城市垃圾和对环境的污染,也可减少对地下资源的过分开采,弥补原生资源的不足。

(3)发挥碳交易市场的经济杠杆作用。二氧化碳排放具有非常强的公共物品特性，天津市的碳排放并不是造成天津空气质量恶化的唯一因素，周边省市的大气污染物排放不可避免地会对天津市造成不良影响，同时天津市的碳排放也将影响周边区域的空气质量，因此仅在某一地区进行碳减排并不能实现改善环境、减缓全球气候暖化的目的，应积极开展区域合作，共同应对环境恶化。

我国已是全球碳排放总量第一大国，但同时也是最具潜力的碳减排市场，目前已在多个城市建立了碳交易市场，并将开始实行配额交易。天津作为北方经济中心、重工业城市，同时也处于大气污染较为严重的区域，应积极借鉴国外成功的碳交易市场运行机制，争取尽快在全市范围内进行碳排放的配额交易，以强制性碳减排为主、自愿减排为辅，激励企业的低碳发展，通过市场机制，加大与周边地区的合作，以更小的经济成本引导企业自觉向低碳模式转型。

# 第五章　我国环境质量现状及其影响

## 第一节　我国的空气质量[①]

### 1. 引言

进入21世纪以来,人类活动排放的废水、废气、废物所造成的全球生态环境恶化,已成为影响和制约各国发展的突出问题。为此,党的十八大报告中明确提出了"努力建设美丽中国,实现中华民族永续发展"的宏伟蓝图,标志着进一步加强生态文明建设已成为我国下一阶段发展建设的重要战略目标。与此同时,我国正处在人口快速转变的时期,人口老龄化程度不断加重,人口城市化进程逐步加快,人口的结构性变化已经成为影响我国环境污染变化趋势的重要因素,为了实现人口与生态环境的和谐发展,我们在进行环境政策设计时应充分考虑人口转变对我国生态环境产生的新影响,将环境政策的设计与人口政策的调整有机地结合在一起,进行统筹规划。因此,在人口快速转变的背景下,考察人口的年龄结构、城乡结构和家庭结构等人口结构变化对我国环境产生的影响,对于我们统筹设计合理的人

---

① 王芳,周兴. 影响我国环境污染的人口因素研究——基于省际面板数据的实证分析[J]. 南方人口,2013(6):8-18.

口与环境政策,对建设美丽中国和实现中华民族永续发展具有十分重要的理论价值与现实意义。

## 2. 文献回顾

目前国内外关于环境污染方面的研究主要集中在验证环境库兹涅茨曲线存在与否,而针对人口因素对环境污染的影响研究则大多集中在人口总量或人口密度方面,考察人口结构性因素与环境污染关系的文献主要是从人口城镇化的角度进行探讨,近年来也出现了一些研究人口年龄结构与温室气体排放之间关系的文献。

绝大多数的学者都认可人口规模与环境污染之间存在显著的正相关关系,大部分的实证研究也证实了这一观点:徐中民等(2005)以1999年中国各省市的截面数据为例,分析了人口数量、富裕程度、现代化及经济区位和自然区位对环境影响的具体作用,结果表明,人口数量是当前环境影响的一个主要驱动因子,环境影响与人口数量近同比例变化。王桂新等(2006)通过对改革开放以来上海人口、经济及能源消费增长与环境污染的关系进行考察,发现人口、经济及能源消费增长与环境污染之间密切相关。邬彩霞(2010)利用我国2000—2008年的省际面板数据,综合分析了FDI、出口和人口增长对我国二氧化硫排放量的影响,研究显示人口增长、FDI和出口对我国二氧化硫排放均产生了负面影响,其中人口增长的影响最大。

在考察人口结构性因素对环境的影响方面,大部分的研究显示人口老龄化对大气污染有着反向的影响(Prskawetz et al.,2004),这种副作用在一定条件下甚至超过了技术变动的作用(Dalton,2007,2008);但也有研究显示,人口老龄化对大气污染的影响并不是单一的负向作用,而是具有“U”形特点,即在人口老龄化的初期会抑制大气污染物的排放,但随着老龄化的进一步加剧,则会促使大气污染物的排放量增加(王芳等,2012)。

对于城镇化与环境污染之间的关系研究则呈现出截然不同的观点。一些学者认为人口的城市化进程造成了环境压力(刘新勇,2006;王婷等,2012),城市化及周边地区工业的发展通常会造成对资源的过量开采,从而导致水质恶化、大气污染物的大量排放以及城市蔓延等环境污染问题(Villholth,2006;丁成日等,2007;蒋芳等,2007;刘民权等,2010)。有学者(Ichmura,2003)认为城市化往往意味着资源在相对狭小空间里的高强度使用,并带来污染物的高度排放,从而造成对环境与生态系统的负面影响,但他同时也认为城市化为各类环境污染物的集中排放和处理提供了契机,这有助于降低单位人口的污染排放水平。同时,从长期来看,城市化会带动经济发展,这会带来技术及人们环境服务需求的提高,从而会促进环境的改善(World Bank,2008;方铭等,2009)。

总体而言,城市化与环境污染之间关系的研究尚未形成一致的可靠结论,造成相关研究存在诸多争论的一个重要原因在于运用单一的城市化变量来进行分析,并假定城市化与环境污染之间只存在线性关系,这显然是不够客观的。如果将多种人口变量纳入分析框架,运用非线性回归的研究方法进行研究,则可以对城市化进程中是否存在环境污染的“门槛值”进行分析,从而解释相关文献中相互冲突的研究结论。

就以往的文献来看,综合人口年龄结构、城乡结构等人口结构性因素,全面地分析人口转变背景下我国环境污染变化趋势的研究仍有所不足。此外,以往的相关研究文献多是针对某一地区的经验分析，较少进行跨地区的比较研究，而环境污染具有显著的空间溢出效应，假定封闭状态下研究某一地区的环境污染情况是不客观的。因此，本书将在以往研究的基础上，将人口结构性因素纳入研究，进一步考察我国人口结构变化与环境污染之间的关系，并进行跨地区比较分析，以深入了解与掌握人口转变背景下环境污染的变化规律与趋势。

### 3. 数据描述

本书使用的数据均来自历年《中国统计年鉴》及国家统计局网站公布的统计数据，其中环境污染指标（采用二氧化硫、生活污水、工业废水、工业废气的排放量及工业固体废弃物的产生量作为环境污染情况的衡量指标）和数据来自国家统计局网站和中国环境保护数据库；国内（地区）生产总值、工业产值、最终消费、进出口以及人口总数、老年人口、大专以上学历人口、平均家庭规模等数据均来自历年《中国统计年鉴》；城镇人口数据中，2006—2011 年数据来自国家统计局网站的人口年度数据，2003—2005 年数据来自《新中国六十年统计资料汇编》。

需要特别说明的是，《中国统计年鉴》中历年的人口数据均来自当年的抽样数据，因而我们将年鉴中公布的数据除以抽样比例得到本书的数据；老年人口采用的是 65 岁以上人口数据，我们将 65 岁以上人口数除以人口总数得到本书的老龄化；城镇化率则以城镇人口数除以总人口数得到。同时，历年统计年鉴中公布的进出口总额均以“万美元”为单位，为了本书的研究需要，我们将进出口总额乘以统计年鉴中公布的当年平均汇率得到以人民币计算的进出口总额，并将进出口总额除以 GDP 总额得到各地的开放程度。此外，由于工业固体废弃物的排放量数据有所缺失，为得到有效稳健的计量回归结果，本书以工业固体废弃物的产生量为替代，以保证面板数据的平稳。

图 5.1 显示了 2003 年至 2011 年全国五项污染物的排放量情况，相比较而言，工业废气排放量的增长最为迅速，工业固体废弃物产生量及生活污水排放量增长较快，而二氧化硫及工业废水的排放量则较为稳定。

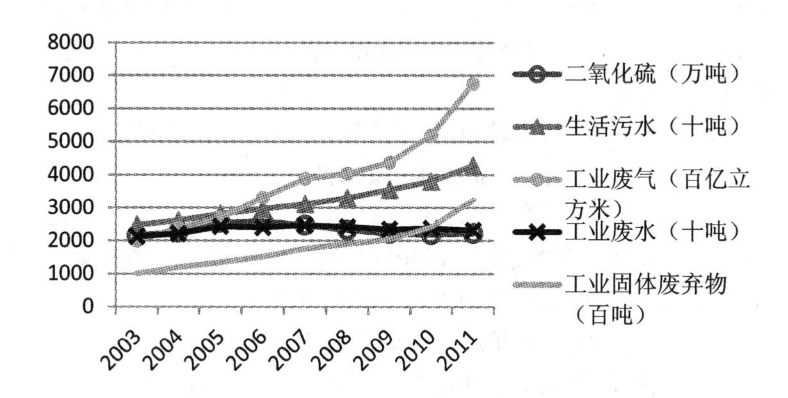


**图 5.1　2003—2011 年全国各污染物排放情况**

由于各省的人口、经济、社会发展情况的差异较大，对环境污染指标的绝对量进行比较分析不够客观且没有意义，因此本书将采用人均排污量作为环境污染的具体指标，以比较各地区之间的环境污染情况。

通过对我国 31 个省、市、自治区 2003—2011 年度相关数据的整理分析后发现，污染物排放并不具备显著的区域集中特点，各污染物的排放总量最高的分别为山东（二氧化硫，2005 年）、广东（生活污水，2011 年）、江苏（工业废水，2005 年）及河北（工业废气、工业固体废弃物,2011 年)。

图 5.2 和图 5.3 分别描绘了 2011 年各污染物人均排放(产生)量最高和最低的 7 个地区及其排污量。一个有趣的现象是,人均生活污水排放最高的 3 个地区(上海、北京、广东)不仅是其他 3 种污染物人均排放较低的地区,同时也是经济总量、城镇化率及开放程度较高的地区。就污染物本身来看,生活污水的排放和其他 3 种污染物均与工业化相关有所不同,因此在之后的实证分析中,我们将对此加以分析,以明确不同污染物之间的区别与联系。

纵向对比发现,2003 年人均排污量最高的内蒙古(二氧化硫)、上海(生活污水、工业废水)及山西(工业固体废弃物),到 2011 年大多有所下降,内蒙古 2011 年的人均二氧化硫排放量略低于排放量最高的宁夏,山西的人均工业固体废弃物则略低于内蒙古及青海,而上海的人均生活污水排放依然处于全国最高水平,人均工业废水排放最多的省份则是福建。

此外,我们整理了各地区的富裕程度(以人均 GDP 表示)、人口老龄化程度(以 65 岁以上人口占总人口比重表示)、城镇化率(以城镇人口占总人口的比重表示)、工业化程度(以工业产值占 GDP 的比重表示)、开放程度(以进出口总额占 GDP 的比重表示)以及消费率(以最终消费占 GDP 的比重表示)的情况,表 5.1 列出了历年来以上项目全国平均值、最高值、最低值以及所属地区。

由表 5.1 可以看出,我国历年最富裕的城市均为上海,天津于 2011 年首次超越上海成为人均 GDP 最高的地区,而贵州则始终处于全国人均 GDP 最低的位置。

从人口结构来看,北京、上海是城镇化最高的城市,上海也一直处于人口老龄化最严重的地区，但重庆近两年超过上海，成为老龄化最高的城市，而宁夏、贵州、西藏、新疆等西部省份则是全国城镇化率、老龄化率最低的地区。

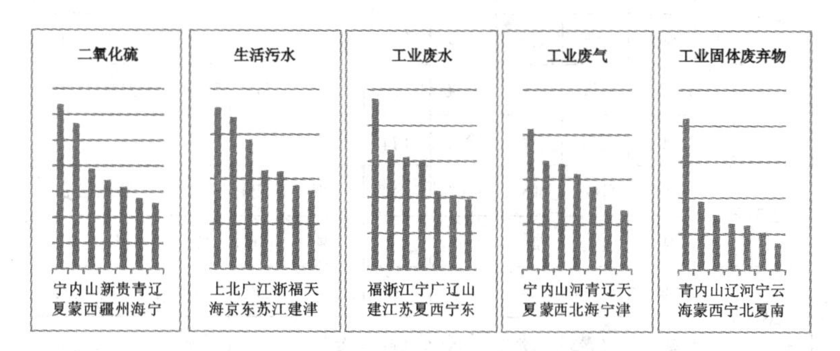


图 5.2　2011 年各污染物排放（产生）最高的七个地区

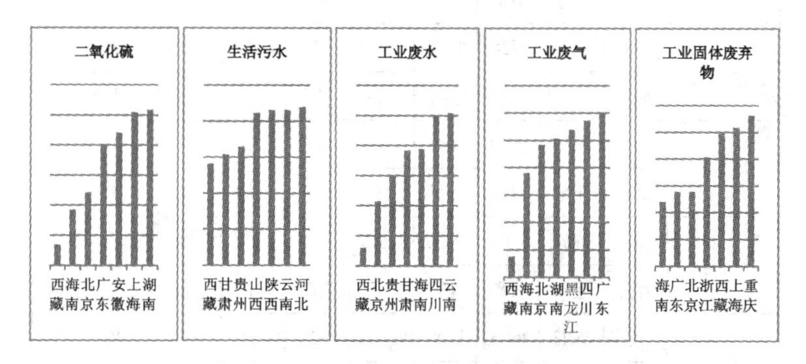


图 5.3　2011 年各污染物排放（产生）最低的七个地区

**表 5.1 历年相关数据表**

| | | 富裕程度 | | | 人口老龄化程度 | | | 城镇化程度 | | |
|---|---|---|---|---|---|---|---|---|---|---|
| | | 最高 | 最低 | 平均 | 最高 | 最低 | 平均 | 最高 | 最低 | 平均 |
| 2003 年 | 值 | 46718 | 3603 | 10542 | 16.38% | 5.43% | 8.51% | 80.35% | 24.81% | 40.80% |
| | 地区 | 上海 | 贵州 | 全国 | 上海 | 新疆 | 全国 | 北京 | 贵州 | 全国 |
| 2004 年 | 值 | 55307 | 4215 | 12336 | 15.40% | 5.67% | 8.56% | 80.69% | 26.23% | 41.85% |
| | 地区 | 上海 | 贵州 | 全国 | 上海 | 宁夏 | 全国 | 北京 | 贵州 | 全国 |
| 2005 年 | 值 | 51474 | 5052 | 14185 | 11.96% | 6.02% | 9.07% | 83.70% | 26.90% | 43.85% |
| | 地区 | 上海 | 贵州 | 全国 | 上海 | 宁夏 | 全国 | 北京 | 贵州 | 全国 |
| 2006 年 | 值 | 57695 | 5787 | 16500 | 14.41% | 5.96% | 9.20% | 88.37% | 27.00% | 43.88% |
| | 地区 | 上海 | 贵州 | 全国 | 上海 | 宁夏 | 全国 | 上海 | 贵州 | 全国 |
| 2007 年 | 值 | 66367 | 6915 | 20169 | 14.25% | 6.24% | 9.36% | 88.77% | 27.64% | 44.96% |
| | 地区 | 上海 | 贵州 | 全国 | 上海 | 宁夏 | 全国 | 上海 | 贵州 | 全国 |
| 2008 年 | 值 | 73124 | 8824 | 23708 | 13.04% | 6.47% | 9.54% | 88.05% | 22.38% | 45.66% |
| | 地区 | 上海 | 贵州 | 全国 | 上海 | 宁夏 | 全国 | 上海 | 西藏 | 全国 |
| 2009 年 | 值 | 78989 | 10309 | 25608 | 14.08% | 6.66% | 9.72% | 88.37% | 23.57% | 46.60% |
| | 地区 | 上海 | 贵州 | 全国 | 上海 | 新疆 | 全国 | 上海 | 西藏 | 全国 |
| 2010 年 | 值 | 76074 | 13119 | 30015 | 11.54% | 5.00% | 8.87% | 89.29% | 22.69% | 50.01% |
| | 地区 | 上海 | 贵州 | 全国 | 重庆 | 新疆 | 全国 | 上海 | 西藏 | 全国 |
| 2011 年 | 值 | 85213 | 16413 | 35181 | 12.42% | 4.82% | 9.13% | 88.83% | 22.64% | 51.27% |
| | 地区 | 天津 | 贵州 | 全国 | 重庆 | 西藏 | 全国 | 上海 | 西藏 | 全国 |

续表

| | | 工业化程度 | | | 消费率 | | | 开放程度 | | |
|---|---|---|---|---|---|---|---|---|---|---|
| | | 平均 | 最高 | 最低 | 平均 | 最高 | 最低 | 平均 | 最高 | 最低 |
| 2003年 | 值 | 50.76% | 7.46% | 40.45% | 91.10% | 44.00% | 40.96% | 172.23% | 5.53% | 51.86% |
| | 地区 | 黑龙江 | 西藏 | 全国 | 西藏 | 江苏 | 全国 | 广东 | 河南 | 全国 |
| 2004年 | 值 | 53.07% | 7.29% | 40.79% | 88.50% | 42.00% | 43.02% | 184.29% | 6.22% | 59.77% |
| | 地区 | 黑龙江 | 西藏 | 全国 | 西藏 | 浙江 | 全国 | 广东 | 河南 | 全国 |
| 2005年 | 值 | 51.67% | 6.96% | 41.76% | 82.20% | 40.80% | 41.54% | 166.75% | 5.81% | 62.98% |
| | 地区 | 山东 | 西藏 | 全国 | 贵州 | 天津 | 全国 | 上海 | 贵州 | 全国 |
| 2006年 | 值 | 52.60% | 7.46% | 42.21% | 80.00% | 40.40% | 41.74% | 174.97% | 5.65% | 64.88% |
| | 地区 | 天津 | 西藏 | 全国 | 贵州 | 天津 | 全国 | 上海 | 贵州 | 全国 |
| 2007年 | 值 | 54.80% | 8.07% | 41.58% | 77.80% | 40.90% | 41.62% | 176.46% | 5.94% | 62.18% |
| | 地区 | 山西 | 西藏 | 全国 | 贵州 | 天津 | 全国 | 上海 | 青海 | 全国 |
| 2008年 | 值 | 56.49% | 7.50% | 41.48% | 67.80% | 34.10% | 43.78% | 179.91% | 4.98% | 56.69% |
| | 地区 | 山西 | 西藏 | 全国 | 贵州 | 天津 | 全国 | 北京 | 青海 | 全国 |
| 2009年 | 值 | 50.82% | 7.50% | 39.67% | 96.70% | 37.90% | 47.16% | 126.08% | 3.71% | 44.23% |
| | 地区 | 河南 | 西藏 | 全国 | 宁夏 | 广东 | 全国 | 上海 | 青海 | 全国 |
| 2010年 | 值 | 51.75% | 7.83% | 40.03% | 111.40% | 39.20% | 48.06% | 145.50% | 3.95% | 50.14% |
| | 地区 | 河南 | 西藏 | 全国 | 西藏 | 广东 | 全国 | 上海 | 青海 | 全国 |
| 2011年 | 值 | 53.04% | 7.95% | 39.86% | 89.56% | 39.47% | 48.31% | 154.82% | 3.57% | 49.74% |
| | 地区 | 山西 | 西藏 | 全国 | 西藏 | 广东 | 全国 | 北京 | 青海 | 全国 |

注：表中数据由历年《中国统计年鉴》及国家统计局官网中公布的数据整理而得。

工业化程度最低的地区一直是西藏，近几年工业化程度最高的地区则是山西、河南等中部省份；同时西藏、贵州等西部地区也是消费率最高的省份，消费率最低的地区则是天津、广东等东部省份；而以进出口比重为指标的开放程度，则一直由北京、上海、广东居全国最高，贵州、青海等西部省份最低。

结合表 5.1 及图 5.2、图 5.3，我们发现富裕程度及城镇化率较高的省份，其人均生活污水的排放量都较高；而富裕程度较低的地区，其人均生活污水排放量也较低。同时，人口老龄化程度较高的地区，其人均工业固体废弃物的产生量及人均二氧化硫排放量均处于全国较低水平；而老年人口比重较低的省份，其人均二氧化硫排放量却较高。此外，工业化程度较高的地区，人均二氧化硫、工业废水、工业固体废弃物的排放（产生）量均较高。在接下来的实证分析中，我们将重点分析这些因素与排污量之间的数量关系，以期探寻人口、经济因素与环境污染之间的内在联系和影响机制。

需要特别指出的是，西藏的城镇化、老龄化、工业化程度与富裕程度均处于全国最低水平，而其各污染物的排放（产生）量均较低，这与其他地区的情况有所不同。在之后计量分析的稳定性检验中，我们将把西藏作为一个异常值在样本中剔除，以检验本研究实证回归结果的有效性。

### 4. 计量模型

为进一步分析各省环境污染的影响因素，借鉴 Kaya 恒等式的模式，建立本研究的排污恒等式如下：

$$\begin{aligned} SO_2 &= SO_2I + SO_2C \\ &= POP \times \frac{GDP}{POP} \times \left( \frac{IND}{GDP} \times \frac{SO_2I}{IND} + \frac{C}{GDP} \times \frac{SO_2C}{C} \right) \end{aligned}$$

$$DS = POP \times \frac{GDP}{POP} \times \frac{C}{GDP} \times \frac{DS}{C}$$

$$IS = POP \times \frac{GDP}{POP} \times \frac{IND}{GDP} \times \frac{IS}{IND}$$

$$IG = POP \times \frac{GDP}{POP} \times \frac{IND}{GDP} \times \frac{IG}{IND}$$

$$IR = POP \times \frac{GDP}{POP} \times \frac{IND}{GDP} \times \frac{IR}{IND} \quad (5.1)$$

其中,$SO_2$、DS、IS、IG、IR 分别为二氧化硫、生活污水、工业废水、工业废气及工业固体废弃物的排放(产生)量,$SO_2I$、$SO_2C$ 分别为二氧化硫的工业和生活排放量,POP、GDP、IND、C 分别代表人口总数、地区生产总值、工业产值及最终消费。此外,$\frac{GDP}{POP}$表示为人均 GDP,下文以 gdpp 表示;$\frac{IND}{GDP}$、$\frac{C}{GDP}$分别表示工业、最终消费占 GDP 的比重,下文分别以 ind、c 表示;$\frac{SO_2I}{IND}$、$\frac{SO_2C}{C}$、$\frac{DS}{C}$、$\frac{IS}{IND}$、$\frac{IG}{IND}$、$\frac{IR}{IND}$分别表示各污染物的排放强度,下文分别以 si、sc、ds、is、ig、ir 表示。

同时,为进一步明晰人口结构性因素对环境污染的影响,本研究将恒等式中 POP 扩展为人口年龄结构(以 age 表示)与人口城乡结构(以 urb 表示)的函数,且为了缓解数据的异方差问题,消除变量中的波动趋势,对各变量取对数,从而得到弹性关系的等式:

$$\ln SO_2I = \ln POP(age, urb) + \ln gdpp + \ln ind + \ln si$$

$$\ln SO_2C = \ln POP(age, urb) + \ln gdpp + \ln c + \ln sc$$

$$\ln DS = \ln POP(age, urb) + \ln gdpp + \ln c + \ln ds$$

$$\ln IS = \ln POP(age, urb) + \ln gdpp + \ln ind + \ln is$$

$$\ln IG = \ln POP(age, urb) + \ln gdpp + \ln ind + \ln ig$$

$$\ln IR = \ln POP(age, urb) + \ln gdpp + \ln ind + \ln ir \tag{5.2}$$

在此基础上,可建立以下计量模型:

$$\ln E_{it} = f(P_{it}, G_{it}) + u_{it} \tag{5.3}$$

其中,E 为二氧化硫、生活污水、工业废气、工业污水及工业固体废弃物等的环境污染指标;P 为包括人口年龄结构、城乡人口结构等在内的人口因素;G 为包括国内(地区)生产总值、工业比重、消费率等在内的经济因素;u 为误差项;下标 i 代表样各地区,t 代表年份。

具体而言,本研究分别采用取对数后的各排污量(即人均的二氧化硫、生活污水、工业废水、工业废气排放量及人均工业固体废弃物产生量)为被解释变量,选取人均 GDP(取对数)、工业产值占 GDP 比重、进出口总额占 GDP 比重、环境治理费用占 GDP 比重、消费率及人口规模(取对数)、人口老龄化及其平方项、人口城镇化率及其平方项为解释变量。

下文根据构建的计量模型以 Stata 软件对样本数据进行实证回归,并就各变量对环境污染的影响力度与作用机制进行深入分析。

## 5. 实证分析

(1)基本回归分析

本研究采用面板模型进行回归估计,面板数据同时包含了时间序列与截面数据的信息,能够反映各省份之间存在的异质性(即时间上和空间上的异质效应),并避免多重共线性的问题。我们根据对个体特定效应的不同假设，分别用固定效应模型及随机效应模型对所建立的计量模型（式 5. 3）进行回归，并结合 Hausman 检验结果在这两种模型中进行选择。具体回归结果如表 5. 2 所示。

**表 5. 2　基本回归结果**

| | | 二氧化硫 | 生活污水 | 工业废气 | 工业废水 | 工业固体废弃物 |
|---|---|---|---|---|---|---|
| 人均 GDP | | 0. 9738 *** | 0. 7036 *** | 0. 9838 *** | 0. 9377 *** | 0. 9895 *** |
| 人口规模 | | -0. 3135 *** | -0. 0463 | -0. 3027 *** | -0. 3226 *** | -0. 3033 *** |
| 开放程度 | | -0. 028 | 0. 0676 | -0. 0359 | -0. 0271 | -0. 0322 |
| 环境治理支出占比 | | -1. 1910 *** | -2. 1769 *** | -1. 1247 *** | -0. 5365 * | -1. 3422 *** |
| 消费率 | | 0. 0487 ** | 0. 0778 * | 0. 0434 ** | 0. 0537 *** | 0. 0483 *** |
| 工业产值占比 | | 2. 4803 *** | -0. 4575 | 2. 52 *** | 2. 4174 *** | 2. 4936 *** |
| 排污强度 | | 0. 9825 *** | 0. 7021 *** | 0. 998 *** | 0. 9461 *** | 0. 9925 *** |
| 城镇化率 | | -0. 0369 | -0. 0076 | 0. 003 | 0. 1450 | -0. 0235 |
| 城镇化率平方项 | | 0. 3389 ** | 0. 4161 * | 0. 3164 ** | 0. 1503 * | 0. 3356 ** |
| 老龄化 | | 5. 8362 *** | 5. 8543 ** | 5. 7868 *** | 6. 2329 *** | 5. 6592 *** |
| 老龄化平方项 | | -33. 9866 *** | -32. 12779 *** | -34. 1278 **** | -36. 0477 *** | -33. 5214 *** |
| R-sq： | Within = | 0. 9765 | 0. 9106 | 0. 9964 | 0. 983 | 0. 9967 |
| | Between = | 0. 7491 | 0. 9479 | 0. 7954 | 0. 5949 | 0. 7892 |
| | Overall = | 0. 7689 | 0. 9445 | 0. 8372 | 0. 6632 | 0. 8393 |
| Hausman 检验： | chi2(9) = | 239. 48 | 102. 8 | 235. 78 | 43. 44 | 26. 36 |
| | Prob > chi2 = | 0 | 0 | 0 | 0 | 0. 0033 |

注：*、**、*** 分别表示估计系数在 10%、5%、1% 水平上具有显著性。

根据 Hausman 检验结果显示，五种污染物的回归分析均应采用固定效应模型，表 5.2 中报告的各变量估计系数均为固定模型回归结果。而各回归模型的 R－squared 拟合优度均较高，可以认为实证研究所采用的计量模型对本研究选用的样本数据较为适用。

具体而言，各解释变量对排污量的影响如下：

第一，人口因素与环境污染之间的关系。

与其他研究结果不同的是，本研究数据的实证结果显示人口规模的增长会显著抑制二氧化硫及工业“三废”的排放，而对生活污水的影响不具统计显著性。通常认为，人口与经济规模的增大，会造成更大规模的能源消耗，并由此造成污染物排放的增加，使环境状况变差。但是，我们也应该看到，经济的增长也使得人们的生活质量得到相应的提高，人们对于环境质量的要求更高，从而能够促进产业结构与能源消费结构的调整，并增加对污染治理的投资，同时人口素质的提高与技术进步都有利于环境保护与污染治理，最终使得环境状况得以改善。就我国的环境污染治理费用来看，2011 年全国此项开支较 2003 年增加了 270%，2003 年至 2011 年全国人口年均增长率约为 0.61%，已进入低增长阶段，而人口为经济的增长提供了必要的劳动力与人力资源支持，可见进入 21 世纪之后，我国人口的增长对环境造成的压力已逐渐消失，而由人口增长带来的经济增长则对环境有着改善的作用。

城镇化率对环境污染的影响不具统计显著性，但其平方项则对各污染物的排放量有明显的促进作用。就本研究的数据而言，快速的城镇化在初期并不会造成环境污染的增长，但随着城镇化水平的进一步提高，则会使各污染物的排放量有所增加，说明我国的城镇化发展还是高污染、高能耗的模式。考虑到我国的城镇化发展迅速，城镇化对环境的影响很可能具有一定的滞后性，在下文的稳健性分析中，我们将使用城镇化的滞后项对排污量进行回归，以全面分析城镇化率对环境的影响。

人口老龄化对环境污染的影响具有显著的倒“U”形特点，回归结果显示变量“人口老龄化”的系数为正，而其平方项的系数则为负，且系数的绝对值更大。这说明在人口老龄化的初始阶段，会造成各污染物的更多排放，而随着人口的持续老化，会显著抑制各污染物的排放，这种抑制作用远超过其他变量的影响。

在人口老龄化的初期，由于老年人口的低龄人数占多数，这部分的老年人通常会继续参与社会劳动，因此在生产与消费过程中并不减少资源的消耗，也不会减少各类污染物的排放，而随着老年人口中的高龄人数增加，不再参与社会生产的老年人将大大减少其经济活动。一方面，随着人口年龄结构的老化，劳动人口总数减少，从而使生产环节的各污染物排放量降低；另一方面，老年人口的消费模式也会对环境产生影响，一般而言老年人通常更注意节省资源，而经济活动的减少也使得他们对能源消费的需求减少，最终减少了污染物的排放。

第二，其他因素对环境污染的影响。

人均 GDP、消费率对各污染物均有显著的正向影响。这说明我国目前还处于高排污的生产模式与消费状态，在实现经济快速发展、人们生活水平逐步提高的过程中，造成了环境的污染。而环境治理比重的增加对各污染物的排放都有明显的抑制作用，更高的环境治理费用将减少排污量，提高整体环境质量。

值得注意的是，工业产值占 GDP 比重的增长会造成二氧化硫及工业“三废”排放量的增长,但对生活污水的排放没有明显影响。这应该是由于其他四项污染物都与工业生产有关,在技术条件不变的情况下,工业比重的增长必然造成这四项污染物的排放(产生)增加。生活污水的排放并不受工业化的影响,因而在本研究的计量中不具统计显著性。

(2)稳健性回归分析

为检验基本回归分析的正确性与有效性,我们分别采用消除内生性及删除异常值的方法对样本数据进行计量回归,与表5.2中的基本回归结果进行对比,以验证以上实证分析的客观性与准确性。

第一,消除内生性检验。

由于解释变量与残差项之间存在相关性,由此产生的内生性问题可能会造成实证回归的估计系数有偏及非一致。为检验上文基本回归的稳健性,我们使用与原解释变量高度相关、可有效避免与当期残差项相关的原解释变量的滞后项作为检验回归中的解释变量。

表5.3报告了计量回归的结果,均具有统计显著性,且与基本回归的估计系数符号一致,说明表5.2的回归结果是可信的,表明基本回归方程的固定效应模型较为稳健。

需要指出的是,表5.3的回归中人口总量的滞后项仍然对工业废水排放有显著的抑制作用,但对其他污染物排放(产生)则没有明显的影响。人口城镇化具有了统计显著性,说明人口的区域结构对环境污染的影响有一定的滞后性,并且城镇化率对下一期环境污染的影响具有“U”形的特点,即随着城镇化水平的提高,为各污染物的集中排放与处理提供了便利,从而使人均排放量有所下降,而随着城镇化的进一步深化,更多的人口在较为狭小的空间内密集排放，造成了人均排污量的显著增长。由各排污量的估计系数可以看出，城镇化率平方项的估计系数绝对值均小于城镇化率的估计系数，说明由持续城镇化率带来的人均排污量的增长幅度会小于前期下降的水平，这与人口老龄化对当期排污量具有的倒“U”形特点相反。相比较而言，人口的年龄结构对当期的环境状况影响更大。

**表 5.3　检验性回归结果**

| | | 二氧化硫 | 生活污水 | 工业废气 | 工业废水 | 工业固体废弃物 |
|---|---|---|---|---|---|---|
| 人均 GDP | | 0.9542 *** | 0.7316 *** | 0.9965 ** | 0.3389 * | 1.9003 *** |
| 人口规模 | | -0.7301 | -0.1309 | -1.3606 | -1.5636 *** | -0.3417 |
| 开放程度 | | -0.0341 | -0.2292 * | 0.4136 | -0.0129 | -0.5208 ** |
| 环境治理支出占比 | | -4.9478 *** | 1.3192 | 4.0913 | -1.178 | 2.3862 |
| 消费率 | | 0.0256 | 0.3757 **** | 0.1686 | 0.3317 ** | 0.9524 *** |
| 工业产值占比 | | 1.5835 *** | -0.6158 | 0.8440 | 1.9442 *** | 1.3773 |
| 排污强度 | | 0.6149 *** | 0.6636 *** | 0.6986 *** | 0.5291 *** | 1.146 *** |
| 城镇化率 | | -1.84 * | -2.7377 ** | -1.9712 *** | -1.8744 * | -5.0335 ** |
| 城镇化率平方项 | | 1.9293 * | 2.4544 ** | 0.4083 *** | 2.0923 * | 4.5869 ** |
| 老龄化 | | 5.9253 | -8.8437 | -9.6109 | 8.8811 | -28.643 ** |
| 老龄化平方项 | | -29.8769 | 21.2268 | 87.566 | -47.0517 | 93.3299 |
| R-sq: | Within = | 0.2746 | 0.2611 | 0.4770 | 0.2912 | 0.5755 |
| | Between = | 0.0153 | 0.0804 | 0.0881 | 0.0509 | 0.1279 |
| | Overall = | 0.0060 | 0.0061 | 0.1241 | 0.0371 | 0.0548 |

注：*、**、*** 分别表示估计系数在 10%、5%、1% 水平上具有显著性。

此外,人均 GDP 对各污染物的正向影响,以及工业比重对二氧化硫与工业废水的促进作用也不仅仅在当期存在,这种影响力会延续到下一期。而环境治理对排污量的抑制作用更大于当期,说明环境治理对于环境的改善作用也有明显的滞后性。

第二,剔除异常值检验。

为减少样本数据中的异常值对回归结果可能带来的影响,我们将在数据分析中发现的明显异常样本——西藏的数据予以剔除,并将各污染物排放均较多的省份——辽宁也予以剔除,以检验基本回归结果的稳健性。具体结果如表 5.4 所示。

表 5.4 的回归结果显示与基本回归结果一致,且部分变量的系数估计绝对值更大了,表明在剔除部分异常样本之后各变量的解释力度更大了,其中环境治理费用占 GDP 的比重对各污染物的排放量均不再具有统计显著性,说明基本回归中环境治理费用的增长反而会促进排污的结论有一定的偏误。

**表 5.4 删除异常值回归结果**

| | 二氧化硫 | 生活污水 | 工业废气 | 工业废水 | 工业固体废弃物 |
|---|---|---|---|---|---|
| 人均 GDP | 0.9615 *** | 0.7041 *** | 0.9848 *** | 0.9381 *** | 0.9841 *** |
| 人口规模 | -0.3393 *** | -0.0474 | -0.3153 *** | -0.3347 *** | -0.3223 *** |
| 开放程度 | -0.0377 | 0.0528 | 0.0416 * | -0.0352 | -0.0429 * |
| 环境治理支出占比 | 0.7011 | 1.6601 | 0.8404 | 0.367 | 0.7569 |
| 消费率 | 0.04337 ** | 0.0346 | 0.0387 * | 0.0529 *** | 0.04891 ** |
| 工业产值占比 | 2.4793 *** | -0.7183 *** | 2.5053 *** | 2.4309 *** | 2.494 *** |
| 排污强度 | 0.9721 *** | 0.7183 *** | 0.9929 *** | 0.9462 *** | 0.9811 *** |
| 城镇化率 | 0.0019 *** | 0.2553 | 0.0314 | 0.1369 | 0.0409 |

续表

| | | 二氧化硫 | 生活污水 | 工业废气 | 工业废水 | 工业固体废弃物 |
|---|---|---|---|---|---|---|
| 城镇化率平方项 | | 0.3146 ** | 0.2676 * | 0.2935 ** | 0.1673 * | 0.2946 * |
| 老龄化 | | 7.0079 *** | 6.1064 ** | 6.5841 *** | 6.6575 *** | 6.5383 *** |
| 老龄化平方项 | | -39.3005 *** | -33.5455 *** | -37.9215 *** | -37.9845 *** | -37.5682 *** |
| R-sq： | Within = | 0.9751 | 0.9139 | 0.9962 | 0.9820 | 0.9958 |
| | Between = | 0.7939 | 0.9504 | 0.8305 | 0.7275 | 0.8039 |
| | Overall = | 0.8043 | 0.9461 | 0.8712 | 0.7520 | 0.8494 |

注：*、**、*** 分别表示估计系数在 10%、5%、1% 水平上具有显著性。

通过对基本回归结果进行消除内生性及剔除异常样本值的检验，证明表 5.2 显示的固定效应回归结果是稳健的，因此可以认为上文所建立的计量模式与实证回归结果客观、有效。

## 6. 小结

通过对我国 31 个省、市、自治区 2003 年至 2011 年各宏观经济、人口及环境污染数据的整理与实证分析，证实我国目前还处于高能耗、高污染的发展模式中，人均 GDP 与消费率的增长仍会促进环境污染的加剧，而环境治理费用的增加则会减少各污染物的排放。同时，工业化比重的提高，造成二氧化硫及工业“三废”的排放量进一步增加，各污染物的排放强度更是显著加剧了环境污染。

值得注意的是，本研究的数据显示，2003 年至 2011 年，我国的人口规模与各污染物的排放量之间并不存在正向关系，相反更多的人口总量会一定程度地抑制排污量的增长。一个可能的解释是，这段时期我国的人口总量已进入低增长阶段，而人口不仅为生产提供了必要的劳动力与人力资源支持，同时随着人口素质的提高为环境改善创造了必要的条件，因此在实证分析中，人口规模的估计系数显著为负。

另一个需要特别指出的是，本研究的实证分析显示，人口的年龄结构对当期的环境有更大的影响，而人口的城镇化率对环境的影响具有明显的滞后性，而人口结构性因素对各污染物的排放均具有非线性的影响，具体来看，人口老龄化对环境的影响具有倒“U”形的特点，而城镇化率则对环境的影响具有“U”形的特点。

## 第二节　我国的水质量①

### 1.引言

生态恶化已经成为全世界人类面临的共同难题，随着人类社会的发展，人与自然间的关系愈加紧张，人类生产、生活活动所排放的各类废弃物造成了全球范围内的生态环境恶化，已成为影响和制约各国经济社会发展的突出问题。为此，党的十八大报告中明确提出了“努力建设美丽中国，实现中华民族永续发展”的目标，标志着进一步加强生态文明建设已成为我国下一阶段经济社会发展建设的重要战略。与此同时，我国的水污染程度愈加严重，相关数据显示我国每年约有90%以上的生活

---

① 王芳.我国水污染现状及其影响因素分析:2003—2011——基于跨省面板数据的实证研究[J].未来与发展,2014(4):17-21.

污水未经处理就排入水域，造成全国70%的河流受到了污染，40%以上的城市水域遭到污染（靳贤福等，2001），尽管我们采用了各种手段积极地解决水污染问题，但我国的水污染问题依然严峻。为此，对影响我国生活污水排放量的各因素做进一步的研究与分析，不仅有利于我国在建设资源节约型、环境友好型社会中取得重大进展，同时也对实现党的十八大报告所设立的“建设美丽中国，实现中华民族永续发展”宏伟目标具有十分重要的理论价值与现实意义。

针对环境污染，国内外的学者们已进行了广泛而深入的研究，多数的学者都认同经济的快速增长因消耗了更多的资源而造成了环境的污染（于峰等，2006；彭水军等，2006；王芳等，2012），大部分的经验分析也证实了环境质量与经济增长之间也并不是简单的线性关系，而是呈现倒“U”形的特点，即符合格罗斯曼等（1995）提出的环境库兹涅茨曲线（Environmental Kuznets Curve，EKC）规律（王桂新等，2006；包群等，2006；刘荣茂等，2006）。而对水污染的实证研究结果显示，人均生活污水与人均GDP之间也存在倒“U”形的EKC曲线关系（袁加军，2010）；同时，城镇化对环境也有着明显的影响（Ichmura，2003；Villholth，2006；刘民权等，2010）。

目前，我国正处于赶超型的工业化进程中，经济的高速发展、人口的快速转变带来了诸如城镇化进一步深化、产业结构逐步调整以及生产、生活模式改变等经济社会各个方面的转变。在这样的大背景下，各因素对于生活污水排放量的影响可能会表现出不同的特点。为此，本研究将在以往研究的基础上，进一步考察经济因素与人口因素对生活污水排放量的影响力度及内在机制，以此为我国的环境改善以及相关政策的制定提供可能的理论支持。

### 2. 我国水污染现状

由于各地区的经济发展水平与资源环境禀赋差距较大，为使不同地区间的环境质量能够进行比较分析，我们分别将人均生活污水排放量与单位 GDP 生活污水排放量作为水污染的衡量指标，相关数据来自国家统计局网站历年的环境保护数据库。

人口规模及地区生产总值、各产业总值、最终消费率等数据均来自历年《中国统计年鉴》。需要说明的是，人口数据中的城镇人口数主要来自国家统计局官网公布的历年人口数据库，但由于缺少了 2003—2005 年的数据，我们从《新中国六十年统计资料汇编》中获取了这三年的各地区城镇人口数，尽管统计口径不完全一致，但我们分析的均为各省份的宏观人口情况，因此细微的差距并不会影响分析结果，可以忽略。

另外，我们以城镇人口数除以当年地区人口总数得到城镇化率指标；以各地区生活污水排放量除以当年地区最终消费，得到各地的生活污水排放强度（下文简称排污强度）；用以美元计的进出口总额乘以年鉴中公布的当年平均汇率得到以人民币计的进出口总额，再除以地区 GDP 得到各地区的开放程度指标。

通过对我国 31 个省份 2003 年至 2011 年的面板数据进行梳理分析后发现（如图 5.4 所示），全国生活污水排放总量及人均量持续上升（年均增幅分别为 7.13% 和 6.5%），但单位 GDP 的排放量则有显著减少，年均减少 8.27%。

全国的宏观经济数据显示（均未扣除价格因素），国内生产总值与居民最终消费均快速增长，年均增长率分别达到 16.94% 和 16.30%；同时，全国的人口总量仍然持续增长，但增长幅度较低,2003 年至 2011 年平均每年增长 0. 61% ;城镇化率增长幅度略高于人口规模的扩张,年均增幅为 1. 31% 。数据显示,到 2011 年,全国人口规模达到 13. 47 亿人,城镇化率约为 51. 27% 。

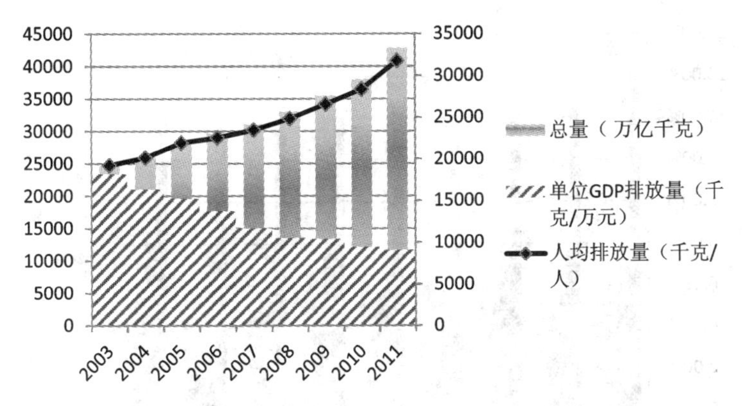


图 5. 4　2003—2011 年全国生活污水排放量变化图

纵向比较各省的生活污水排放总量,广东历年均为全国最高排放生活污水的省份,到 2011 年广东省排放的生活污水达到 60658. 9 亿千克。从占全国排放量的比重来看(如图 5. 5 所示),广东仍然为历年占比最高的省份(2003 年为 16. 09% ,2011 年为 14. 18% )。排放总量较高的其他省份还包括江苏、山东、上海、河南及浙江。

人均生活污水排放量的数据显示(如图 5. 6 所示),上海、北京及广东历年均为人均排污量最高的地区,数据中最高人均排污量是上海在 2009 年时排放的 98299. 99 千克/人。2011 年人均排污最高的地区依然是上海(71747. 36 千克/人),但与 2003 年(79414. 15 千克/人)相比较略有下降;而数据初期人均排放量最高的北京却有所上升，由 2003 年的 56285. 98 千克/人上升至 2011 年的 67395. 25 千克/人。由 2011 年的数据来看，人均排污量最高的地区依次是上海、北京、广东、江苏、浙江及福建。

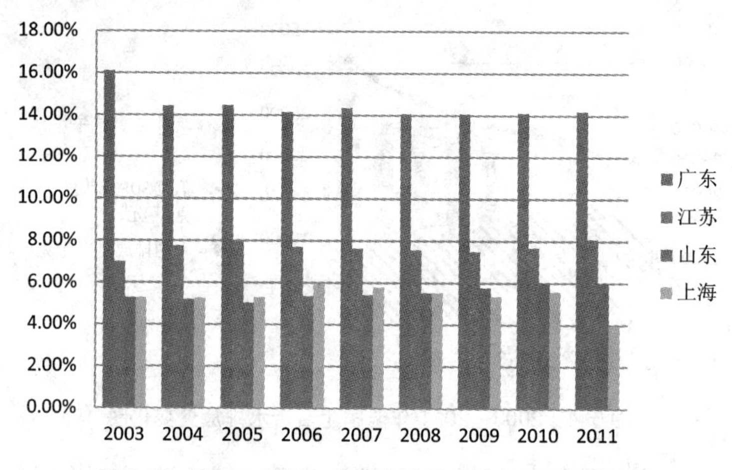


图 5. 5 排污大省历年排放生活污水量占全国总量比

就单位 GDP 的生活污水排放量而言（如图 5. 7 所示），各地的排放量均呈明显下降趋势。比较来看，海南是 2011 年度单位 GDP 排污量最高的地区，达到 11439. 51 千克/万元，略高于次高的广东（11399. 85 千克/万元），均比 2003 年（分别为28125. 14 千克/万元、29177. 08 千克/万元）有明显减少。而初期单位 GDP 排放量最高的广西（2003 年为 34924. 48 千克/万元）到 2011 年时下降幅度最多，排放量为 10332. 68 千克/万元。从本研究的数据来看，2011 年度单位 GDP 排放量最高的省份依次为海南、广东、云南、安徽、江西及广西。

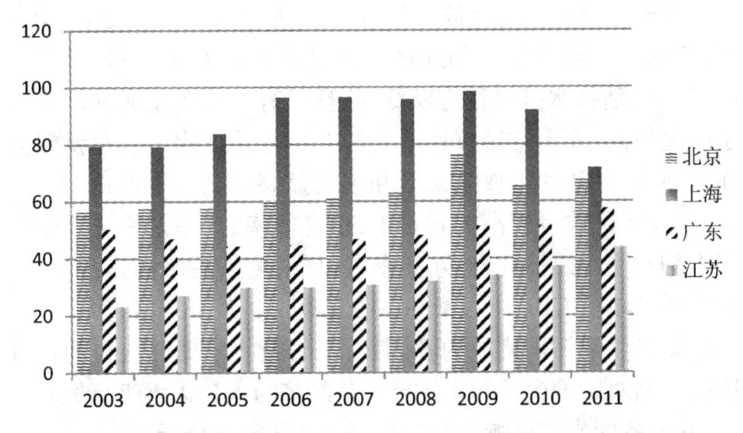


图 5.6　人均排放生活污水量较高地区历年人均排污趋势图

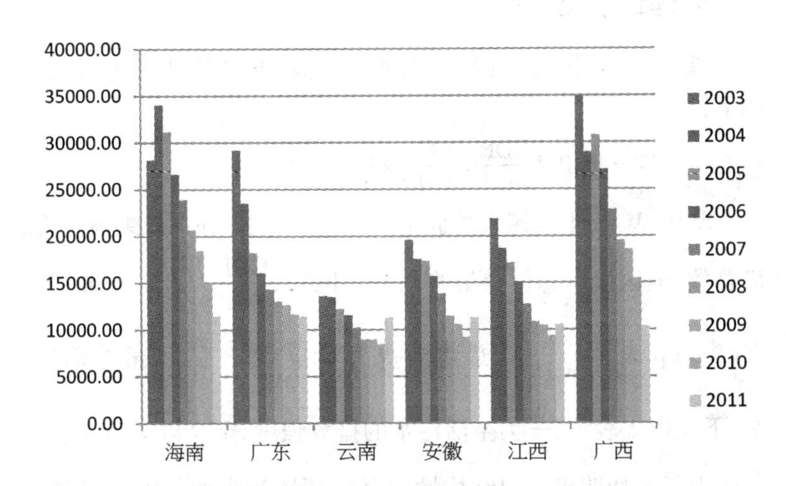


图 5.7　单位 GDP 排放生活污水大省历年排放趋势图

综合生活污水的排放总量、人均量及单位 GDP 的排放量来看，广东均是排放最大的地区。总量最高的 6 个省份，其单位 GDP 的生活污水排放量均较低，并且只有江苏和上海人均排污量明显较高；而人均排放量最大的上海与北京因经济总量较大而从单位 GDP 的排放量来看并不明显高于其他省份；此外，在单位 GDP 排放量较高的省份中，仅有海南、广东及重庆高于全国人均水平。总体而言，除广东省以外，生活污水的排放总量、人均量及单位 GDP 排污量并不明显集中在某个地区，为进一步探寻促进生活污水排放的各因素，本研究将依据已获得的各省历史数据对影响生活污水排放的各经济与人口因素进行经验分析，并就各因素的影响机制进行深入的研究与分析。

### 3. 理论模型

借鉴 Kaya 恒等式的模式，可建立本研究的排污恒等式，如下：

$$W = POP \times \frac{GDP}{POP} \times \frac{C}{GDP} \times \frac{W}{C} \tag{5.4}$$

其中，W 为生活污水排放量，POP、GDP、C 分别代表地区人口总数、地区生产总值及最终消费。同时，$\frac{GDP}{POP}$为人均 GDP，下文以 gdpp 表示；$\frac{C}{GDP}$为最终消费占 GDP 的比重，即最终消费率，下文以 c 表示；$\frac{W}{C}$为生活污水的排放强度，下文以 w 表示。

为了更加明确人口结构性因素对环境污染的影响，本研究将恒等式中 POP 扩展为人口城乡结构即城镇化率（以 urb 表示）的函数，同时为缓解数据的异方差问题，消除变量中的波动

趋势,对各变量取对数,从而得到弹性关系的等式:

$$\ln W = \ln POP(urb) + \ln gdpp + \ln c + \ln w \qquad (5.5)$$

在此基础上,可建立以下计量模型:

$$\ln W_{it} = f(P_{it}, G_{it}) + u_{it} \qquad (5.6)$$

其中,P 为包括人口规模、城镇化率等在内的人口因素;G 为包括人均国内(地区)生产总值、三大产业占地区 GDP 的比重、生活污水排放强度、地区开放程度、最终消费率等在内的经济因素;u 为误差项。

具体而言,本研究选取人均生活污水排放量(取对数)作为被解释变量,并将人均 GDP(取对数)、各产业占 GDP 比重、最终消费率、开放程度、排污强度(取对数)以及人口规模(取对数)、城镇化率作为解释变量。

下文根据构建的计量模型以 Stata 软件对已取得的 2003 年至 2011 年我国 31 个省、市、自治区的样本数据进行实证回归,并就各变量对生活污水排放量的影响力度与作用机制进行深入分析。

## 4. 计量分析

实证分析中所采用的面板数据同时包括了时间序列与横截面的信息,使我们在回归分析中能获得更大的自由度,并显著减少由样本数据中可能存在的异常值或缺失值所造成的问题。同时,根据对面板数据中个体特定效应的不同假设,我们分别用固定效应模型及随机效应模型对前文所建的计量方程进行实证回归,并结合 Hausman 检验的结果在这两种估计方法之间进行选择。

实证回归结果显示(如表 5.5 所示),固定效应模型是更适合本研究的估计方法,因此我们将使用固定效应模型回归的估计系数进行具体分析与讨论。

表 5.5 基本回归结果

| | | 固定效应模型 | 随机效应模型 |
|---|---|---|---|
| 人均 GDP | | 0.6817753 *** | 0.7226362 *** |
| 人口规模 | | -0.077137 | -0.0028183 |
| 开放程度 | | 0.0867556 * | 0.0405099 |
| 最终消费率 | | 0.1038856 *** | 0.1547578 *** |
| 第一产业比重 | | 0.4959625 | 0.6254123 *** |
| 第三产业比重 | | 0.6848132 *** | 0.7628484 *** |
| 排污强度 | | 0.6981992 *** | 0.7776758 *** |
| 城镇化率 | | 0.5162509 *** | 0.4538091 *** |
| R-sq: | Within = | 0.9081 | 0.9037 |
| | Between = | 0.9365 | 0.9698 |
| | Overall = | 0.9302 | 0.9614 |
| Hausman 检验 | Chi2(8) = 26.87 | Prob > chi2 = 0.0007 | |

注:*、**、*** 分别表示估计系数在 10%、5%、1% 水平上具有显著性。

经济的快速发展往往意味着更多的资源消耗与环境压力,本研究的实证分析结果证实经济增长确实造成了我国生活污水排放量的增加。表 5.5 的计量回归结果显示,排污强度、人均 GDP 与第三产业比重的估计系数最大,这三个变量的增加会引起人均生活污水排放量同方向变动,排污强度、人均 GDP 与第三产业比重每增长 1% 将分别引起人均生活污水多排放 0.7%、0.68% 和 0.68%。这说明我国目前仍处于高污染的消费模式,人们富裕程度的提高也造成了环境的污染，同时随着经济的发展，人们在日常生活中对于第三产业的需求大量增长，造成第三产业的水资源消耗随之大量增加，使得第三产业相对于第二产业而言对生活污水排放有更明显的正向影响。

同时，地区开放程度也与人均生活污水排放显著正相关。通常开放程度越高的地区也是经济越活跃、富裕程度越高的地区，这些地方不仅本身经济发展水平较高，同时也由于开放程度较高而有更多的人口、物质与资金的流动，从而造成了这些地区的第三产业更为发达，居民的消费水平与富裕程度往往也高于其他地区，因而造成了更多的生活污水排放。

此外，人口规模对于人均生活污水的排放并没有显著的影响，而城镇化率对人均生活污水的排放则有着显著的正向影响，这说明人口因素对于水污染的影响并不明显，而由城镇化率提高带来的消费与基础设施等方面的增长才是造成水污染的重要因子。

### 5. 小结

通过对 2003 年至 2011 年我国 31 个省、市、自治区人均生活污水排放量及各宏观经济、人口等数据的整理与实证分析，结果显示，居民消费、人均 GDP、第三产业比重、开放程度等因素与人均生活污水排放量显著正相关，从而证实了我国目前还处于高污染的消费模式阶段，说明经济的快速发展、人们生活水平的提高的确造成了我国水污染的进一步恶化。

本研究的结果显示，人口总量的增长并不明显引起水污染的加剧，但城镇化率的提高使得消费模式转变、基础设施增加，并最终带来了更多的生活污水。

# 第三节 我国环境规制强度及其影响①

## 1.引言

党的十九大报告提出要加快生态文明体制改革、建设美丽中国,强调:我们要建设的现代化是人与自然和谐共生的现代化,既要创造更多物质财富和精神财富以满足人民日益增长的美好生活需要,也要提供更多优质生态产品以满足人民日益增长的优美生态环境需要。

在此背景下,我国的环境规制日趋严格,环境保护法的修订与实施和环境行政处罚力度的不断加大,彰显了我国环境规制强度的大幅度提升。环境规制的加强无疑能够改善人们的生活环境,提高人们的健康福利水平,然而环境门槛的提高也造成了企业成本增加、失业率上升等不利于经济社会发展的负面影响。2018 年 3 月网易网文章《环保严查,关停失业开始》《2018 年吓死一批、累垮一批、倒下一批》称,2017 年因环保督查力度空前,导致一些企业关停、倒闭;2018 年 4 月 3 日搜狐网文章《2018 环保为什么这么严,难道工厂倒闭失业潮要来临》称,2017 年环保检查引发失业潮。一时间环保与民生的矛盾凸显,似乎环境规制强度的提高已经明显带来了就业的下降。那么,环保是否必然带来经济社会发展的负面影响?如果答案否定,那么如何解释媒体报道的现实情况?如果答案肯定,那么政府应如何应对,

① 王芳. 中国省际环境规制强度测度与分析——基于 2003—2016 年的数据[J]. 可持续发展,2019(2):260-269.

出台哪些相关政策进行调控？这些都是学术理论研究中应当予以回答的问题。

随着环境意识的加强，学术界对于环境规制强度带来的就业影响也早有关注。就现有的研究成果来看，有学者认为环境规制提高了污染行业的生产成本，企业竞争力受损，进而对就业不利（陆旸，2012），但更多的学者还是认同环境规制与就业之间存在着非线性关系（闫文娟等，2012；李梦洁等，2014）。经验研究结果显示，我国的环境规制对就业有着明显的门限效应或"U"形特征（王勇等，2013；李珊珊，2015；崔立志等，2018），当环境规制高于某一水平后，环境规制将通过倒逼产业结构调整间接促进就业（李梦洁，2016；闫文娟等，2016）。就不同行业来看，加强环境监管、抑制污染物排放对不同行业和不同企业的就业影响具有明显的异质性（秦楠等，2018），有研究甚至发现环境监管反而会促进工业部门的就业上升（陈媛媛，2011；施美程等，2016）。环境规制导致的就业变化主要是通过企业进入、退出和在位企业的就业变动以及地区间的就业溢出等路径发挥作用（王勇等，2017；王勇等，2017）。

从以上研究来看，大家普遍关注环境规制对不同行业的就业影响，研究结果也不尽相同。究其原因，主要在于各研究采取的环境规制强度测度方法各有不同，选取的衡量指标如不能较好地反映真实的环境规制强度，则会直接影响实证分析结果；同时，现有研究对环境规制产业的地区间就业影响差异分析不足，不同地区的经济社会发展水平不同，就业表现也有很大差异。为此，本研究将在以往研究成果的基础上，选取恰当的指标与测度方法，合理地测算各个地区的环境规制强度，进而分析各省的环境规制对其就业的影响，明确环境规制对就业的影响机制，为政府制定合理对策，为环境保护与就业的双赢发展提供理论支撑。

## 2. 环境规制测度

(1)方法介绍

由于环境规制并没有直接可观测和度量的指标体系，也尚未形成被一致认可的测度方法，学者们通常从各自研究的角度出发，选取不同的变量采取不同的方法进行计量。目前关于环境规制的测度主要有以下4种方法：

①以污染治理的成本投入为基础。如单位排污量的治污成本，闫文娟等(2016)以废水治理投资与工业废水排放量之比作为衡量环境规制的指标；又如单位产值的治污成本，施美程等(2016)以工业污染治理投资额与工业增加值之比作为实证研究中的环境规制变量。

②以污染物排放量为表征。有学者认为污染物的绝对排放量的多与少通常也意味着其所处地区(或行业)环境规制强度的高与低(Xing et al.,2002)，而单位产值的污染排放使得不同规模的排污行为可以进行比较分析，同时单位产值的污染减排努力也能较好地体现出排污主体在面对不同的环境规制强度下的反应，因此该指标得到了广泛的使用(Smarzynska et al.,2004；傅京燕等,2010；张中元等,2012)。

③由多种污染物排放量构建的综合指数。一般选取两至三种不同的污染物，通过极值法对不同污染物进行标准化处理，得到每种污染物在0与1之间的取值，从而消除不同计量单位的量纲，使之可以直接进行计算。同时考虑不同地区(或行业)的污染物排放差异，需要赋予不同污染物以不同的权重，权重通常

是以不同地区(或行业)的产值占全国(或全行业)的比重作为衡量标准(赵细康,2003),从而得到某一污染物在该地区(或行业)的单位产值排污量与全国(或全行业)的平均单位产值排污量的比值,再将标准化处理之后的不同污染物排放量乘以对应的权重后相加取均值,得到衡量环境规制强度的综合指标(傅京燕等,2010;王勇等,2017)。

④替代指标。如人均收入水平(陆旸,2009),与环保有关的法律法规与规章制度或行政处罚案件数(Levinson et al.,1996;陈德敏等,2012;汤韵等,2012)等。

以上方法为实证分析环境规制的实施对社会经济发展所产生的影响提供了有益的支撑与尝试,但基于多维性与可比性的考虑,本研究参考王勇等(2015)的方法,以单位污染物的治理投入作为环境规制的衡量指标,具体如下:

$$R_{it} = \frac{SI_{it}}{TE_{it}} = \frac{I_{it}/\overline{I_t}}{\sum SE_{itj}} \tag{5.7}$$

$$SE_{it} = \frac{E_{it} - \min E_t}{\max E_t - \min E_t} \tag{5.8}$$

其中,R 为 i 地区在 t 年的环境规制强度;SI 为标准化处理后的环境治理费用投入,以 i 地区 t 年的环境污染治理投资总额除以 t 年全国的平均环境污染治理投资额得到;TE 为 i 地区 t 年的排污总量,以不同污染物排放量的标准化处理后加总得到;SE 是 i 地区 t 年的 3 种不同污染物排放量(本书选取工业废水排放量、二氧化硫排放量及烟粉尘排放量 3 个指标)的标准化,以该污染物的 i 地区 t 年排放量减去当年全国最小排放量除以全国最大最小排放量的差得到。

(2)测度结果

表5.6中的各省份的环境污染治理投资总额、工业废水排放量、二氧化硫排放量及烟(粉)尘排放量均来自历年的《中国统计年鉴》及《中国工业统计年鉴》。根据上文介绍的方法计算得到表中各省份2003年至2016年的环境规制强度,如表5.6所示。

**表5.6 各省份环境规制强度**

| 地区 | 2003 | 2004 | 2005 | 2006 | 2007 | 2008 | 2009 | 2010 | 2011 | 2012 | 2013 | 2014 | 2015 | 2016 |
|---|---|---|---|---|---|---|---|---|---|---|---|---|---|---|
| 全国平均 | 1.37 | 1.17 | 1.18 | 1.21 | 1.39 | 1.12 | 1.21 | 1.08 | 1.42 | 1.44 | 1.38 | 1.46 | 1.35 | 1.71 |
| 北京 | 7.21 | 3.60 | 4.46 | 7.84 | 8.39 | 4.75 | 5.38 | 4.07 | 4.85 | 5.87 | 7.25 | 10.63 | 7.51 | 12.35 |
| 天津 | 3.80 | 3.13 | 4.03 | 2.18 | 2.88 | 1.96 | 2.99 | 2.01 | 4.17 | 2.48 | 2.65 | 3.62 | 1.87 | 1.06 |
| 河北 | 0.74 | 0.77 | 0.89 | 0.86 | 0.95 | 0.88 | 0.90 | 0.90 | 1.14 | 0.87 | 0.80 | 0.73 | 0.67 | 0.66 |
| 山西 | 0.34 | 0.39 | 0.35 | 0.42 | 0.54 | 0.59 | 0.59 | 0.51 | 0.58 | 0.71 | 0.72 | 0.56 | 0.50 | 1.37 |
| 内蒙古 | 0.44 | 0.57 | 0.63 | 0.95 | 0.67 | 0.63 | 0.72 | 0.63 | 1.19 | 1.08 | 1.12 | 1.25 | 1.27 | 1.36 |
| 辽宁 | 1.29 | 1.50 | 1.10 | 1.13 | 0.77 | 0.69 | 0.86 | 0.57 | 1.35 | 1.79 | 0.86 | 0.59 | 0.66 | 0.49 |
| 吉林 | 0.92 | 1.11 | 0.76 | 0.86 | 0.84 | 0.56 | 0.63 | 0.85 | 0.76 | 0.73 | 0.64 | 0.55 | 0.62 | 0.71 |
| 黑龙江 | 1.51 | 1.37 | 0.83 | 0.85 | 0.75 | 0.75 | 0.85 | 0.68 | 0.72 | 0.82 | 1.00 | 0.70 | 0.65 | 0.75 |
| 上海 | 2.88 | 1.77 | 1.98 | 1.79 | 2.04 | 1.75 | 1.85 | 1.00 | 1.84 | 1.23 | 1.57 | 2.11 | 1.98 | 2.16 |
| 江苏 | 1.62 | 1.73 | 2.05 | 1.84 | 1.86 | 1.70 | 1.43 | 1.16 | 1.66 | 1.54 | 1.77 | 1.78 | 2.02 | 1.66 |
| 浙江 | 1.95 | 2.09 | 1.90 | 1.51 | 1.63 | 3.56 | 1.13 | 1.26 | 1.02 | 1.38 | 1.17 | 1.57 | 1.51 | 2.66 |
| 安徽 | 0.62 | 0.75 | 0.73 | 0.68 | 0.93 | 1.19 | 0.93 | 0.79 | 1.27 | 1.34 | 1.87 | 1.52 | 1.63 | 2.28 |
| 福建 | 0.99 | 1.32 | 1.55 | 1.01 | 1.12 | 0.92 | 0.76 | 0.75 | 1.31 | 1.24 | 1.43 | 0.95 | 1.17 | 1.11 |
| 江西 | 0.59 | 0.62 | 0.63 | 0.56 | 0.56 | 0.41 | 0.55 | 0.80 | 1.13 | 1.48 | 1.04 | 0.98 | 0.95 | 1.47 |
| 山东 | 1.35 | 1.57 | 1.64 | 1.60 | 1.71 | 1.63 | 1.56 | 1.07 | 1.33 | 1.32 | 1.37 | 1.22 | 1.04 | 1.15 |

续表

| 地区 | 2003 | 2004 | 2005 | 2006 | 2007 | 2008 | 2009 | 2010 | 2011 | 2012 | 2013 | 2014 | 2015 | 2016 |
|---|---|---|---|---|---|---|---|---|---|---|---|---|---|---|
| 河南 | 0.51 | 0.51 | 0.53 | 0.58 | 0.60 | 0.41 | 0.42 | 0.30 | 0.43 | 0.47 | 0.56 | 0.58 | 0.59 | 1.07 |
| 湖北 | 0.58 | 0.65 | 0.78 | 0.78 | 0.64 | 0.68 | 0.97 | 0.65 | 1.03 | 1.14 | 0.89 | 1.11 | 0.89 | 2.11 |
| 湖南 | 0.31 | 0.29 | 0.33 | 0.46 | 0.44 | 0.54 | 0.62 | 0.32 | 0.55 | 0.74 | 0.81 | 0.73 | 1.88 | 0.83 |
| 广东 | 1.55 | 0.93 | 1.17 | 1.03 | 0.81 | 0.62 | 0.85 | 3.24 | 1.05 | 0.58 | 0.55 | 0.59 | 0.61 | 0.79 |
| 广西 | 0.35 | 0.35 | 0.37 | 0.36 | 0.47 | 0.51 | 0.58 | 0.50 | 1.04 | 0.93 | 1.05 | 0.92 | 1.29 | 1.23 |
| 海南 | 4.58 | 3.34 | 3.29 | 3.25 | 6.90 | 4.08 | 6.18 | 5.62 | 7.71 | 9.15 | 5.40 | 3.75 | 4.38 | 5.36 |
| 重庆 | 0.80 | 0.90 | 0.80 | 0.86 | 0.78 | 0.60 | 0.87 | 0.94 | 1.96 | 1.22 | 0.97 | 0.97 | 0.83 | 0.95 |
| 四川 | 0.62 | 0.67 | 0.63 | 0.58 | 0.76 | 0.54 | 0.52 | 0.28 | 0.53 | 0.65 | 0.75 | 0.89 | 0.69 | 0.97 |
| 贵州 | 0.17 | 0.23 | 0.18 | 0.25 | 0.22 | 0.15 | 0.12 | 0.13 | 0.28 | 0.29 | 0.42 | 0.64 | 0.58 | 0.49 |
| 云南 | 0.64 | 0.69 | 0.70 | 0.63 | 0.53 | 0.54 | 0.89 | 0.80 | 0.59 | 0.60 | 0.81 | 0.68 | 0.67 | 0.59 |
| 陕西 | 0.66 | 0.61 | 0.51 | 0.52 | 0.66 | 0.59 | 0.91 | 0.88 | 0.55 | 0.71 | 0.76 | 0.93 | 0.82 | 1.63 |
| 甘肃 | 0.51 | 0.57 | 0.57 | 0.78 | 0.88 | 0.49 | 0.57 | 0.48 | 0.42 | 0.88 | 1.08 | 0.82 | 0.72 | 0.96 |
| 青海 | 0.95 | 0.97 | 0.53 | 0.76 | 0.76 | 0.90 | 0.46 | 0.34 | 0.73 | 0.49 | 0.61 | 0.49 | 0.53 | 0.97 |
| 宁夏 | 0.90 | 1.15 | 0.55 | 0.90 | 1.07 | 0.67 | 0.64 | 0.38 | 0.72 | 0.54 | 0.61 | 0.72 | 0.83 | 0.95 |
| 新疆 | 1.64 | 1.09 | 0.81 | 0.53 | 0.54 | 0.46 | 0.63 | 0.38 | 0.62 | 0.89 | 0.96 | 1.18 | 1.04 | 1.22 |

从全国平均值来看，环境规制强度整体呈上升趋势，其中北京、海南强度最高，天津、上海、江苏及浙江等东部省份次之，中部地区的环境规制低于东部而略高于西部地区，与各地经济发展水平较为接近，如图5.8所示。

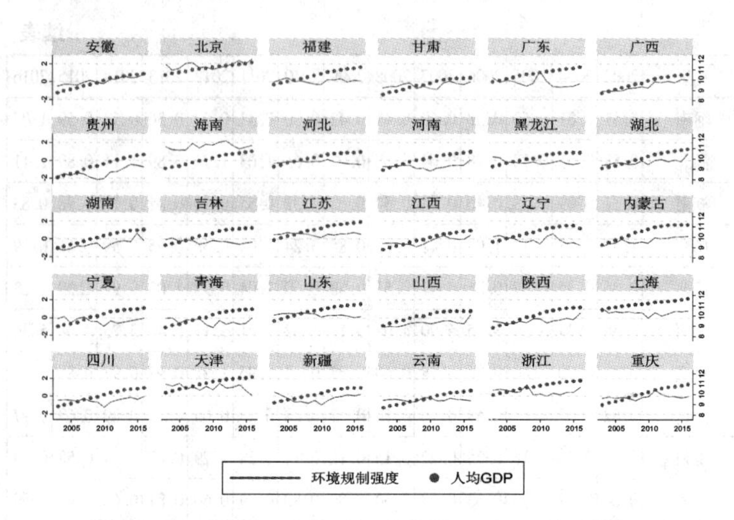


图 5.8 各地区环境规制强度与人均 GDP 的趋势图

## 3. 实证分析

(1)模型构建

借鉴蒋勇(2017)的方法,在经典柯布—道格拉斯生产函数中加入环境投入,得到以下生产函数:

$$Y = E^{a} K^{b} L^{d} \quad 0 < \alpha, c, d < 1 \tag{5.9}$$

其中,Y 为产出,E、K、L 分别为环境、投资、就业投入,a、b、c 分别为各生产要素的产出弹性。在式(5.9)基础上计算劳动边际产出(即平均工资水平):

$$W = MPL = cE^{a} K^{b} L^{c-1} \tag{5.10}$$

两边取对数,得到:

$$\ln W = \ln c + a\ln E + b\ln K + (c-1)\ln L \tag{5.11}$$

对式(5.11)进行变形,则有:

$$\ln L=\frac{\ln c}{c-1}+\frac{a}{c-1}\ln E+\frac{b}{c-1}\ln K-\frac{1}{c-1}\ln W \tag{5.12}$$

对上式中的系数进行以下指代:

$$\alpha_1=\frac{\ln c}{c-1},\alpha_2=\frac{a}{c-1},\alpha_3=\frac{b}{c-1},\alpha_4=-\frac{1}{c-1} \tag{5.13}$$

我们得到以下理论模型:

$$\ln L=\alpha_1+\alpha_2\ln E+\alpha_3\ln K+\alpha_4\ln W \tag{5.14}$$

根据以往的研究成果,环境规制对就业的影响通常是多维、非线性的,且经济发展水平、人口规模、产业结构以及开放程度等因素都会显著影响就业规模,同时前一期的就业情况对本期的就业规模也有显著的影响。为此,在式(5.14)的基础上构建如下动态计量模型,进一步明确环境规制对就业的影响。

$$\ln L_{it}=\beta_0+\beta_1\ln E_{it}+\beta_2\ln E_{it}^2+\beta_3\ln K_{it}+\beta_4\ln W_{it}+\beta_5 sec_{it}+\beta_6 thi_{it}+\beta_7 X_{it}+\beta_8 Y_{it}+\beta_9 P_{it}+\beta_{10}L_{i,t-1} \tag{5.15}$$

其中,$E^2$ 为环境规制的平方项,以了解环境规制对就业的非线性影响;sec、thi 分别为第二、三产业比重,代表产业结构;X 为进出口总额占 GDP 的比重,代表外贸依赖程度;Y 为产出,以人均 GDP 为测度;P 为人口规模;β 为各变量的估计系数;i 为各地区;t 为年份。

(2)数据来源及回归结果

在各种数据中,环境规制数据由上文所介绍的方法计算得到;人均 GDP 数据来自国家统计局官网;平均工资数据中 2003—2008 年来自《中国统计年鉴》,2009—2016 年来自国家统计局官网;各地区的就业人数、全社会固定资产投资总额、产业结构数据以及进出口数据均来自历年《中国统计年鉴》。

本研究采用面板模型进行回归估计,面板数据同时包含了时间序列与截面数据的信息,能够反映各省份之间存在的异质性(即时间上和空间上的异质效应),并避免多重共线性的问题。我们根据对个体特定效应的不同假设,分别用固定效应模型及随机效应模型对所建立的计量模型(式 5.15)进行回归,Hausman 检验结果显示随机效应模型更为合适(具体回归结果如表 5.7 所示),且拟合良好(如图 5.9 所示),可以认为实证研究所采用的计量模型对本研究选用的样本数据较为适用。

**表 5.7 固定效应与随机效应模型的计量回归结果**

| | 固定效应模型 | 随机效应模型 |
|---|---|---|
| 环境规制 | -0.0245 ** | -0.0185 * |
| 环境规制的平方项 | 0.0129 ** | 0.0132 ** |
| 人均 GDP | -0.1364 *** | -0.1082 ** |
| 人口规模 | 0.6713 *** | 0.9811 *** |
| 固定投资 | 0.0566 ** | 0.0745 *** |
| 第二产业产值占 GDP 比重 | 1.0567 *** | 0.8343 *** |
| 第三产业产值占 GDP 比重 | 1.2420 *** | 1.0281 *** |
| 进出口总额占 GDP 比重 | -0.2667 *** | -0.1534 *** |
| 平均工资水平 | 0.1366 ** | 0.0753 * |
| 就业人数的滞后一期项 | 0.0267 *** | 0.0245 *** |
| 常数项 | 0.5318 | -1.6404 *** |

续表

| | | 固定效应模型 | 随机效应模型 |
|---|---|---|---|
| R-sq: | Within = | 0. 7639 | 0. 7554 |
| | Between = | 0. 9673 | 0. 9839 |
| | Overall = | 0. 9613 | 0. 9798 |
| Hausman 检验 | Chi2(10) =7. 86 | Prob > chi2 =0. 6427 | |

注：*、**、*** 分别表示估计系数在 10%、5%、1% 水平上具有显著性。

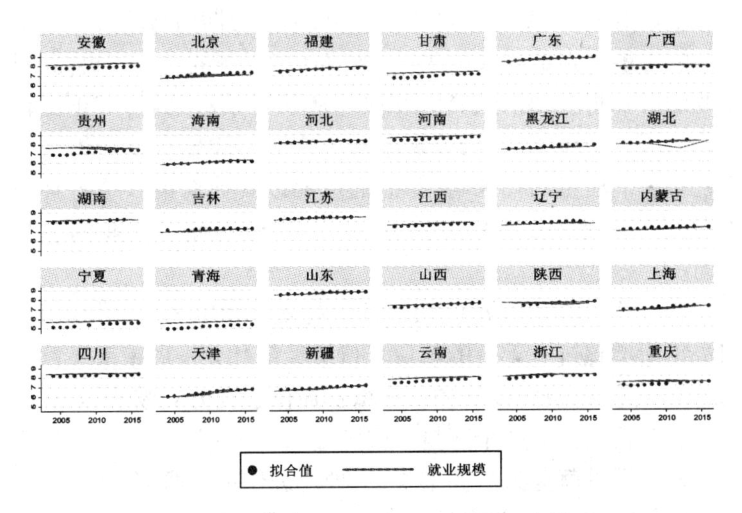


图 5. 9　回归拟合值与被解释变量拟合效果

回归结果显示，各变量对就业的影响如下：

①环境规制强度。全样本回归结果显示，环境规制强度对就业具有明显的“U”形影响，即随着环境规制强度的提高，其对就业起着先抑制后促进的作用，但从回归系数的大小来看，其负面影响大于积极影响，说明就现阶段而言，环境规制对就业的不

利影响还处于主要地位。

分地区来看,东部地区的环境规制及其平方项的回归系数均为正,且具有统计显著性,说明东部省份已进入环境与就业的双赢阶段,环境门槛的进一步提高不会降低就业。因此,东部地区应继续加大对环境质量的治理与投入,以满足人们对良好生态环境质量的需求,同时提高就业规模,以促进经济社会的进一步发展。

中、西部地区趋势与总样本一致,虽然短期内环境规制力度的加强可能会造成就业损失,但随着环境规制的进一步提高,对就业的影响将会由消极转为积极。从回归系数来看,其正面作用将大于负面作用。因此,现阶段不应因可能导致就业损失就放松对环境质量的要求与治理,而应辅以其他对策以缓解环境规制强度的提高带来的就业压力,以获得环境与就业的双赢局面。

②人均 GDP。经济的快速发展是就业稳定的重要保障,我国每年新增超过一千万的就业人口给经济社会发展带来了巨大的压力,但同时也为经济的快速增长提供了有力支撑,因此这二者是显著正相关的两个变量。回归结果显示,人均 GDP 的提高能够显著促进就业人数的增长,这种促进作用在西部地区更大,中部省份次之,而东部省份略低于中、西部地区。这说明经济越不发达的地区,其人均 GDP 的提高对就业的积极影响越大,因此应大力发展西部与中部省份的经济,以满足就业的需求。

③人口规模。人口规模的扩张为经济社会的发展提供了充足的劳动力支持,因而人口数量的提高能够显著提高就业规模。但需要注意的是,中部省份的人口规模回归系数并不具有统计显著性,说明中部省份的人口规模增长不能带来就业规模的增

长，这很可能与中部省份的人口流失有关。目前，全国的人口流动趋势依然是向东部发达地区聚集，而劳动力年龄人口则是流动人口的主力军，因此中部省份的人口增长并不能带来本地区的就业扩张。

④固定投资。资本与劳动力是传统产出模型中最主要的两大生产要素，彼此具有可替代性，这种互为负向的影响在中部地区尤为明显。但就全样本和东、西部省份来看，固定投资的增长将显著促进就业规模的扩张，结合环境规制的回归来看，增加固定资本的投入可以缓解由环境规制强度提高而造成的就业损失。

⑤产业结构。就全样本回归而言，二、三产业的发展将显著提高就业人数的增长；分地区来看，第二产业比重的提高将会抑制东、中部省份的就业增长，但能明显促进西部地区的就业，而发展第三产业则能实现各个地区的就业扩张。这说明东、中部地区应大力发展第三产业，而减少第二产业的比重，进行产业结构的优化升级将能带来东、中部省份的就业增长。但就西部地区而言，第二产业和第三产业的发展均能促进就业提高。

⑥外贸依赖度。该变量在所有样本回归中均明显为负，说明对外依存度越高则对就业的负面影响越大，我们应大力提高内需对经济的支撑作用，以提高就业规模。

⑦平均工资水平。从劳动力供给的角度来看，工资的提高无疑会带来就业的增长，工资越高越能吸引就业人口聚集；但从劳动力需求方来看，工资水平的上升带来成本的提高，在资源约束的情况下，逐利的生产者必然选择降低雇佣规模以减少成本、提高利润。因此，表5.8的回归结果显示，东部发达地区该变量的回归系数显著为负，说明对东部地区而言，工资水平的进一步

上涨，将不利于就业规模的扩张；但对西部省份来说，工资水平的提高，将能显著促进就业的增长，因此西部省份应进一步提高工资水平以促进就业；而中部省份的回归系数为正但不具有统计显著性，说明中部地区的工资与就业也是正相关关系，但从促进就业的角度来看，提高工资水平并不能明显带来就业的增长。

**表5.8　分地区的计量回归结果**

| | | 总样本(随机) | 东部(随机) | 中部(固定) | 西部(固定) |
|---|---|---|---|---|---|
| 环境规制 | | -0.0245** | 0.0820*** | -0.0273* | -0.0744*** |
| 环境规制的平方项 | | 0.0129** | 0.0423*** | 0.0341** | 0.0877*** |
| 人均 GDP | | 0.1364*** | 0.2231* | 0.3027*** | 0.3607*** |
| 人口规模 | | 0.6713*** | 1.0317*** | 0.0884 | 1.0793*** |
| 固定投资 | | 0.0566** | 0.0948** | -0.1493*** | 0.0315* |
| 第二产业产值占 GDP 比重 | | 1.0567*** | -1.2685*** | -0.3908* | 1.0434*** |
| 第三产业产值占 GDP 比重 | | 1.2420*** | 0.4620* | 0.0293* | 0.3982* |
| 进出口总额占 GDP 比重 | | -0.2667*** | -0.0873*** | -0.2912** | -0.507*** |
| 平均工资水平 | | 0.1366** | -0.2209** | 0.1047 | 0.4033*** |
| 就业人数的滞后一期项 | | 0.0267*** | 0.0330*** | 0.0126*** | 0.0174*** |
| 常数项 | | 0.5318 | -1.0337* | 4.5457*** | -2.7192** |
| Number of obs | | 351 | 131 | 92 | 128 |
| Number of groups | | 30 | 11 | 8 | 11 |
| R-sq: | Within = | 0.7639 | 0.8455 | 0.9194 | 0.8080 |
| | Between = | 0.9673 | 0.9922 | 0.3901 | 0.9912 |
| | Overall = | 0.9613 | 0.9882 | 0.0145 | 0.9894 |
| Hausman 检验 | Prob > chi2 = | 0.6427 | 0.6551 | 0.0000 | 0.0000 |

注：*、**、*** 分别表示估计系数在10%、5%、1%水平上具有显著性。

⑧滞后一期的就业规模。各样本回归系数均显著为正，说明当期的就业规模明显受上一期就业情况的影响，各就业促进因素的作用将能延续到下一期，且这种滞后性在东部省份更为明显。因此，政策制定者在拟定相关政策时，应充分考虑政策的延续性，以充分发挥各因素的积极作用，以实现充分就业。

(3)稳健性分析

根据以往的文献，一个国家的收入水平与环境规制强度具有非常高的相关性(Xu,2000;Dasgupta et al.,2011)，有学者认为环境规制是由收入水平内生决定的(陆旸,2009)，因此人均GDP是一个非常好的替代指标，用以检验上文的回归分析结果。

表5.9以人均GDP作为环境规制强度的测度指标，报告了依照式(5.15)构建的计量模型进行面板回归分析的结果，同样进行了固定效应与随机效应模型的回归，并以Hausman检验结果选择了更为合适的固定效应模型。

回归结果与上文的回归系数大小和方向完全一致，说明该结果是稳健可信的。

**表5.9　固定效应与随机效应模型的计量回归结果**

| | 固定效应模型 | 随机效应模型 |
|---|---|---|
| 环境规制 | -1.2700*** | -0.8786*** |
| 环境规制的平方项 | 0.0543*** | 0.0360*** |
| 人口规模 | 0.4639*** | 0.9372*** |
| 固定投资 | 0.0796*** | 0.1051*** |
| 第二产业产值占GDP比重 | 1.2744*** | 0.9813*** |

续表

| | | 固定效应模型 | 随机效应模型 |
|---|---|---|---|
| 第三产业产值占 GDP 比重 | | 1.2992 *** | 1.0130 *** |
| 进出口总额占 GDP 比重 | | -0.2132 *** | -0.1180 *** |
| 平均工资水平 | | 0.1519 **** | 0.0773 * |
| 就业人数的滞后一期项 | | 0.0282 *** | 0.0250 *** |
| 常数项 | | 7.6128 *** | 2.4664 ** |
| R-sq: | Within = | 0.7754 | 0.7611 |
| | Between = | 0.9616 | 0.9837 |
| | Overall = | 0.9466 | 0.9797 |
| Hausman 检验 | chi2(9) = 32.02 | Prob > chi2 = 0.0002 | |

注：*、**、*** 分别表示估计系数在 10%、5%、1% 水平上具有显著性。

## 4. 小结

本研究选取了工业废水排放量、二氧化硫排放量和烟粉尘排放量 3 个排污指标，通过标准化处理后，计算得到了我国 30 个省、市、自治区自 2003 年至 2016 年的环境规制强度指标，从全国平均值来看，环境规制强度整体呈上升趋势，其中北京、海南强度最高，天津、上海、江苏及浙江次之，中部地区的环境规制低于东部而略高于西部地区，各地环境规制强度与其经济发展水平趋同。

为进一步明确环境规制对就业的影响，我们通过在经典的柯布—道格拉斯生产函数中加入环境要素，以构建包含经济发展水平、人口规模、产业结构、对外依存度、平均工资水平、固定投资以及环境规制强度在内的动态面板计量模型。实证分析结果表明环境规制对就业的影响具有明显的"U"形特征，即随着环境规制强度的提高，其对就业起着先抑制后促进的作用。而经济发展水平的提高、人口规模的扩大、产业结构的优化升级和平均工资水平的提高均能显著促进全样本的就业增长，但对外依存度对各样本而言都明显不利于就业规模的扩张。

分地区回归结果显示，第二产业比重和平均工资水平的提高，均不利于东部地区的就业扩张，而环境规制强度对就业的不利影响在该地区已不再显著。因此，今后可以在东部省份进一步加大环境规制的力度，同时加快产业结构的升级，提高第三产业的占比，并适度扩大人口规模，提高固定投资，以获得环境与就业的双赢局面。对中部省份来说，固定投资对劳动力的挤占效应仍然显著，环境规制对就业的"U"形特征也同样明显，第二产业占比的提高对就业也有显著的不利影响，为促进中部地区的就业增长，应在加快产业结构优化、提高第三产业占比、提高平均工资水平和进一步促进经济发展水平等方面下大力气，以获得环境与就业的双重红利。而西部地区的就业扩张仅受限于初期的环境规制，其他各因素均能明显促进其就业增长，因此对西部省份应进一步提高固定投资及平均工资水平，同时适度扩张人口规模、积极促进第二和第三产业的发展，以尽快实现该地区经济、社会和生态的和谐发展。

# 第四节 雾霾天气现象及其治理:京津冀地区[①]

## 1. 引言

快速发展的全球经济对国际环境造成的破坏使养育人类的地球不堪重负,也使不少国家的环境质量每况愈下。根据2013年9月30日在开普敦开幕的第16届世界清洁空气大会所提供的数据,目前,全世界每年有10亿人遭受空气污染的侵扰,空气污染每年造成的城市人口死亡数字高达200万,空气污染给发达国家和发展中国家造成的经济损失分别占各自国内生产总值的2%和5%。

世界卫生组织于2014年3月25日发布的数据显示,2012年空气污染造成了约700万人死亡,相当于全球每8位死者中就有1位是因空气污染而死。这一调查结果是以往估计数字的2倍多,说明空气污染是世界上最大的环境健康风险。

足见空气污染对于经济发展、人民身体健康均有极大的负面影响,而我国近年来频频出现的大面积雾霾天气现象更是极大地影响了我国人民的正常生产生活,必须予以高度重视、大力治理。

## 2. 雾霾天气现状

京津冀地区有超过1亿人口,是我国经济增长的第三极,被誉为21世纪中国最具发展潜力的都市圈。然而,经济总量的快

① 王芳. 京津冀地区雾霾天气的原因分析及其治理[J]. 求知,2014(7):40-42.

速增长，不仅为人们带来富裕的生活，同时也造成了地区生态环境的恶化，近年来该地区多次出现了持续大范围的雾霾天气现象。2013 年环保部的城市空气质量监测结果显示，京津冀区域的空气污染最重（平均达标天数比例仅为 37.5%），全国空气质量最差的 10 个城市中有 7 个在京津冀地区。同时，2013 年全国平均雾霾天数达 29.9 天，而其中京津冀地区最为严重。

2014 年 2 月 21 日，中国环保部卫星遥感监测数据显示，我国中东部地区大部分省份出现灰霾，影响面积约为 143 万平方公里，重霾面积约为 81 万平方公里，主要集中在京津冀及周边地区。

2014 年 3 月 25 日，中国环境保护部公布了 2013 年重点区域和 74 个城市的空气质量状况，京津冀区域内 13 个地级及以上城市的空气质量平均达标天数比例为 37.5%，比重点监测的 74 个城市平均达标天数比例低 23 个百分点，其中有 10 个城市达标天数比例低于 50%，且区域内所有城市的 PM2.5 及 PM10 年平均浓度均超标。可以说京津冀地区是全国空气污染最为严重的区域，区域内的 13 个城市中有 11 个排在全国污染最重的前 20 名，有 7 个城市排在全国污染最重的前 10 名，部分城市空气重度及以上级别的污染天数占全年的 40%左右。

2014 年 3 月 26 日，环保部向公众通报，受不利气象条件影响，京津冀及周边地区部分城市自同年 3 月 23 日以来出现的空气重污染仍在持续。

恶劣的大气环境严重影响了京津冀地区经济社会发展与民众身体健康，在此背景下，积极探寻根治雾霾的对策方法，全力改善京津冀地区的环境质量，并引领带动整个经济社会转变发展方式，营造良好生态环境，对我国的生态文明建设及美丽中国事业的发展具有十分重要的理论价值与现实意义。

### 3. 产生的原因

所谓雾霾,指的是雾与霾的组合,它们都是视程障碍物,但二者之间还存在着明显的区别。国家气候中心气候系统监测室高级工程师孙冷指出,雾是指大气中悬浮的水汽凝结、能见度低于1公里的天气现象,而霾的形成主要是空气中悬浮的大量微粒和气象条件共同作用的结果。霾的形成有三方面原因:

一是在水平方向静风现象增多。随着城市化进程的加快,城市的基础设施建设也随之增多,城市中的高楼越盖越密、越盖越高,城市建筑物的阻挡与摩擦作用使风速减小,城市中的静风现象增多,空气中的悬浮微粒无法扩散和稀释,从而在城市内及其周边区域不断累积。

二是垂直方向上出现逆风。逆温层覆盖在城市的上空,使得高空的气温比低空的气温更高,这种逆温现象的出现限制了空气的垂直运动,空气中的悬浮微粒无法向高空稀释,被集聚在低空或近地面的区域内。

三是空气中悬浮颗粒物的增加。城市中的工业、交通、建筑通过能源消耗所排放出的各种废气废物使得悬浮颗粒物大量增多,这是造成霾的最主要原因。

据中科院遥感与数字地球研究所研究员陈良富表示,空气污染物中的可溶性成分遇到浮尘矿物质凝结核后会迅速包裹,形成混合颗粒,再遇到较大的空气相对湿度后(例如雾),就会很快发生吸湿增长,颗粒的粒径增长2倍至3倍,消光系数增加8倍到9倍,也就是能见度下降为原来的1/8至1/9。通俗地说,就是空气中原本存在的较小颗粒的污染物遭遇水汽后变成人们肉眼可见的大颗粒物，随即产生灰霾。再与雾结合在一起，就发生了雾霾天气现象。

综合分析京津冀地区的情况，其雾霾天气现象产生的主要原因包括以下3方面：

(1)以化石能源为主的能源消费结构。从我国的一次能源消费结构来看，煤炭占比超过70%，煤炭的燃烧排放是二氧化碳、二氧化硫、氮氧化物等大气污染物的直接来源。目前我国正处于快速的城镇化与赶超型的工业化进程当中，京津冀地区作为我国经济增长第三极，经济社会的快速发展需要大量的能源支撑。同时，处于北方地区，冬季的集中采暖也对煤炭有大量的消耗。据统计，2012年京津冀地区的煤炭消费总量分别达到2269.89万吨、5298.12万吨和31359万吨，分别占全国煤炭消费总量的0.64%、1.5%和8.89%，合计占比超过11%。对化石能源的大量消耗是造成京津冀地区雾霾天气的重要原因。

(2)机动车量的迅速增加。据中国科学院“大气灰霾追因与控制”专项组的研究发现，京津冀地区雾霾中有大量含氮的有机颗粒物，这是20世纪洛杉矶光化学烟雾的主要成分之一。含氮有机颗粒物是大量二氧化硫、氮氧化物和挥发性有机物相互反应共同产生的，而洛杉矶光化学烟雾事件中的污染物主要来自汽车的尾气排放。京津冀地区的机动车量正处于加速增长的趋势中，首都北京被中国人戏称为“首堵”，天津也开始了限号、限行的交通治理，从中可以看出京津冀地区的机动车保有量之规模。根据《2012天津市环境状况公报》，机动车尾气排放约占全市大气污染物的16%，这些机动车排放的二氧化硫、氮氧化物等是雾霾的主要来源。

(3)建筑排污严重。随着城镇化进程的加快，大量工地扬尘和各种喷涂造成了严重污染。以天津市为例,2013 年天津建设规模创下历史新高,全年预计完成房地产开发投资 1430 亿元,市政交通建设投资 1480 亿元,合计近 3000 亿元,占全市固定资产投资总量的 30%。2013 年全市新开工各类房屋建筑 4960 万平方米,累计在建施工面积 1.33 亿平方米,全市建设工地5970多个,遍布全市。大量的建筑施工,不仅消耗了规模巨大的化石能源,同时施工过程中的扬尘、各种喷涂都不可避免地造成了污染,从而加剧了雾霾天气状况。

### 4. 对策建议

为减少雾霾对环境、经济、健康等方面造成的显著负面影响,根据京津冀地区的雾霾天气现状、原因和地区发展目标,可从污染物排放的末端、源头和长期机制的建立等方面开展治理。

(1)短期内重点在于污染物排放末端的治理

①应淘汰落后产能,减少工业排污。根据大气污染现状及雾霾治理目标,量化京津冀地区减少大气污染的排放量,强制要求区域内的化石能源消耗企业(特别是煤电、钢铁、水泥等行业的生产企业)与政府签订减排协议,协议时间内未能实现减排目标的企业须迁移或关闭。对于能源消耗“大户”,要求其根据上一年度的能源消耗总量按照一定的比率换算,向政府缴纳费用或通过生产清洁能源、植树造林等方式冲抵,从而提高企业的能源使用效率,减少生产性排污。

②应倡导绿色出行,减少交通排污。完善公共交通建设,发展地铁、公交汽车、出租车、租赁自行车相结合的公共交通网络,减少人们对于私家车的使用与依赖。公共交通设施全部采用清洁能源,公共汽车、出租车全部使用天然气动力或电力车。建立

自行车租赁系统,倡导、鼓励人们绿色出行。加大对自购清洁能源汽车的补贴与优惠措施,增加汽车充电、加气网点,提高清洁能源汽车使用的便捷性,促进人们对新动力汽车的消费需求。

③应实施低碳建筑,减少建筑排污。建立建筑环保标准,强制新建建筑物减少化石能源使用、减少污染物排放。对旧房进行节能环保改造,通过地源热泵采集地下热能、雨水收集综合利用、导光管将阳光引入室内照明等措施,减少因采暖、制冷、照明而产生的化石能源消耗,并在建筑物顶部加装光伏发电设备,增加清洁能源的生产与使用。

④应改造公共设施,提高节能减排。增加城市绿化面积,减少裸露的地表面积,从而减少扬尘;公共照明使用 LED 灯,节能降耗,减少二氧化碳排放;改变集中供暖方式,推广"热电联产"技术,将发电过程中产生的热能收集用于供暖,提高能源使用效率,还可以用天然气或可燃烧垃圾替代煤炭,减少煤炭使用量。

(2)中期内重点在于污染物排放源头的治理

①加快产业结构升级。根据地理环境特点,合理安排产业分布,将重污染产业迁移至静风现象、逆温现象较少区域,减少霾的产生;加快第三产业的发展,减少第一产业与第二产业对化石能源的依赖,提高能源使用效率,进行产业结构升级,培育新的环境友好型经济增长点。打造京津双城中心、河北省环京津发展模式,减缓北京人口膨胀、交通拥堵等"城市病"持续恶化的趋势,加快发挥天津作为北方经济中心的作用,减少河北省重污染产业集聚的现状。

②推进能源结构优化。充分利用各地的地理优势,加大对清洁能源生产(如 LNG、风能、太阳能等)项目的投入与使用,提高清洁能源的生产能力;充分发挥海滨城市的港口优势,加大国

际低碳合作，引进国外成熟技术，提高能源使用效率；充分发挥天津碳交易市场的作用，以市场力量推动企业低碳转型。同时，提高清洁能源的使用，以收取排污税等方式提高非清洁能源的使用成本，以经济手段助推企业节能低碳转型，从而减少化石能源的消耗。

③建立环境治理专项基金。主要由政府提供财政支持，鼓励社会资本、民间资本、国际资本多渠道融资，制定基金管理办法，明确资金收支管理。款项主要用于节能改造补贴、治理技术开发、污染企业迁移或关闭补偿等，并对可再生能源进行补贴，平衡其生产成本过高的劣势，促进可再生能源的快速发展。

④建立合作治理长效机制。组建专家组，制定分级大气污染紧急状况应急办法，建立三地联防联控环保机制，完善区域协调、整体推进的统筹机制和政策体系，合力治理雾霾天气等环境污染现象，打造共同负责、共同受益的优质区域生态环境。

(3)建立长期机制以实现经济、生态、民生和谐发展

①加强立法，以行政手段确保环境质量。借鉴发达国家的成熟经验，建立完善的法律法规体系，加大环境治理的投资力度，发展低碳经济、循环经济、绿色经济，提高民众环保意识。通过向企业及民众征收排污税、拥堵税、高碳税等措施，激励企业、民众自觉选择环境友好型生产模式、生活方式，倡导全社会形成保护生态环境的良好氛围。

②植树造林，提高生态自愈能力。充分利用森林、绿色植被对于空气质量的净化能力，植物能够通过气孔吸收气态污染物，同时通过滞留空气中的微粒减轻污染，较高的植物覆盖率可能会减少挥发性有机物的释放量，从而改善空气质量。而京津冀地区草场退化面积、土地荒漠化面积、原始森林退化面积均较

大,特别是河北省,整体绿化水平低、森林资源总量不足、分布不均、质量不高等问题仍十分突出。应建立区域生态建设整体推进机制,统筹协调,逐步提高森林覆盖率及绿化率,提高植物吸收大气污染物的能力,改善区域空气质量。

③强化区域优势,深化推进可持续发展战略。充分利用京津冀地区的智力优势与科技优势,鼓励清洁能源技术的开发,大力发展可再生能源产业,吸纳就业,改变以往粗放型的经济增长模式,培育绿色的经济增长点,抢占低碳行业的国际市场。

# 第六章　我国的应对之策:可持续发展

“可持续发展”(Sustainable Development)理念的提出源于人类曾经对于维系自身生存发展的自然生态系统的忽视,从而产生了一系列日益严重的“生存危机”现象,人类开始认识到自身社会经济活动不可超越生态系统所规定的“界限”,这样才能维护人类生存系统及其可持续性。1987 年,时任挪威首相布伦特兰女士领导的由各国环境与发展问题著名专家组成的联合国世界环境与发展委员会在《我们共同的未来》中提出:“可持续发展是指既满足当代人的需求,又不对后代人满足其自身需求的能力构成危害的发展。”由此可见,“可持续发展”并不是指经济社会保持长期稳定增长态势,而是指人类赖以生存的自然生态系统的可持续得以保障前提下的“发展”。人类的发展离不开生态环境,全球性的可持续发展更不能脱离生态系统实现,因此必须基于人类整体的共同利益,基于全球可持续发展的共同愿景,确立全球性可持续发展行为准则、关系准则。

## 第一节　形成全球性的生态伦理与理念

人们对全球生态问题的关注始于 1972 年罗马俱乐部发表的震惊世界的《增长的极限》报告,该报告通过对世界人口、工业化、污染、粮食生产和资源消耗的趋势发展进行模拟研究,指出人类如果按照既有的趋势发展下去,这个星球上增长的极限将会在今后100年内出现。报告向世人展示了一幅悲惨的人类未来发展前景图,使3P问题(Poverty,Population,Proliferation)和环境恶化、能源枯竭等全球性生态问题开始受到全世界的重视。人类深切地认识到,为保障人类自身的生息繁衍与福祉,不仅需要重新审视人类与自然之间的关系,更需要人类整体(而非某一国或某一地区)的共同努力,改变传统的发展模式以缓解人类对生态环境和自然资源无节制的破坏与消耗。由此,构建全球性的生态伦理与可持续的发展理念已成为全球共同的迫切需求。

### 1. 全球生态伦理

要构建全球性的生态伦理首先需要弄清生态伦理的概念。生态伦理概念的界定在学界一直存在着两种不同的视角,一是人类中心主义,另一则是自然主义。

人类中心主义者认为人是唯一具有内在价值的存在物,把自然看成人类的资源,认为生态伦理指的是生态问题在人与人之间伦理关系中的反映,自然仅是作为中介参与人与人之间的伦理关系,其本身并不具有道德主体的地位,即人与环境之间并不存在伦理关系。自然主义的观点则赋予自然环境以道德主体的地位,把生态伦理定义为处理人与自然关系的道德规范体系。它强调自然环境自身的价值、权利和尊严,要求人们在处理人与自然的关系时,必须像对待人类自身一样给予自然环境以同等的道德关怀和价值承认。

这两种视角都存在明显的缺陷:人类中心主义视人类的利益高于自然,会产生为了人类的发展而无节制地掠夺自然资源、破坏生态环境的极端结果;自然主义赋予自然以独立的道德主体地位,要求人类的一切行为必须依从自然的要求,也可能会扼杀人类的创造性,从而导致人类在反思自身行为的同时走向了另一种极端。尽管这两种视角存在一定的偏颇,但它们在生物多样性保护、生态系统恢复和建立人与自然之间和谐关系等方面都提供了独特的道德依据,特别是自然主义强调了人与自然的平等地位,承认自然生态环境的内在价值,适应了可持续发展的伦理要求,为解决全球生态问题提供了道德规范和社会认同。

综合人类中心主义与自然主义的观点,本研究认为全球生态伦理指的是生态环境中人类整体的伦理道德规范,其约束的范畴不仅包括人类维护自身可持续发展的行为,也包括人类对地球生态环境的可持续发展和人与自然的和谐共存担负责任。全球生态伦理超越了国家中心主义的国家道德观,强调人类作为一个整体的行为对其自身生存和发展的道德意义,且兼顾人类现在及将来的生存状态,同时又坚持着适度原则,与传统人类中心主义价值论保持着距离。具体说来,全球生态伦理应包括以下4项道德原则。

(1)人与自然和谐原则

人与自然的关系,在生态伦理中一直居于中心地位。从人类历史发展来看,人与自然的关系已经历了三个阶段:人类对自然的依附阶段、人类的独立化阶段、人类对自然的掠夺阶段。

在人类发展的早期,由于生产力水平的极端低下,自然环境不但是人类最基本的生存条件,而且占据着支配人类命运的主要地位。人类对自然界充满着恐惧与疑惑,并由此产生了对自然界的原始图腾崇拜。随着生产力的发展,人类开始摆脱原始生产方式,走向农业文明,开始了自身的独立化阶段。当然,所谓的独立化只是一个相对的概念,人类不可能完全摆脱自然环境的束缚。在这一过程中，人已意识到自身的主体地位，开始把自然界作为客体并从中进行生产资料、生活资料的索取，这一阶段人与自然的关系还未出现严重的不适。随着资本主义时代的到来，人类进入工业文明时期。科技革命的出现以及由此导致的生产力的大幅跃进，加上资本主义的自利本性以及工具理性的膨胀，人类开始疯狂地向自然索取，并把自然当成了掠夺的对象。也正是在这一阶段，人与自然的关系开始扭曲，全球问题开始出现。于是，人类在自身的生存出现严重危机面前，开始重新审视自身与自然的关系。人与自然的和谐共存，正是这种审视的结果。它的提出，意味着人不是自然的绝对主体，也不是自然的绝对客体，而是一种主体间的和谐共处关系。

（2）可持续发展原则

可持续发展原则是人与自然和谐原则在发展观中的体现，也是全球生态伦理在实践中的价值体现。根据1987年世界环境与发展委员会的报告《我们共同的未来》，可持续发展是指"既满足当代人的需要，又不对子孙后代满足其需要的能力构成威胁和危害的发展"。可持续发展体现了"代内公平"与"代际公平"相统一的价值取向。就"代内公平"而言，可持续发展肯定了当代人类的平等价值和尊严，承认全球各民族和国家平等的发展权利，这实际上对当代全球发展不平衡以及其中出现的"生态帝国主义"或"环境殖民主义"提出了道德谴责。就"代际公平"而言，可持续发展意味着当代人类的发展，不能以牺牲自然环境为代价，剥夺后代人类的发展权利。它关怀人类作为一个生息繁衍整体共同的生存价值，是对人类当前利益和长远利益的等价考量。

(3)全球主义原则

全球生态伦理是一种整体主义的全球主义伦理,它把人类作为“一个命运共同体”来看待,其道德关怀是人类共同体的利益。人类在其发展过程中经常被历史分割为不同的碎片,如部落、种族、民族、国家、文明等,由此致使个体主义伦理经常统摄着人们的思维,在国际关系中则经常表现为国家中心主义。然而人类作为一个共同体,还要求人们必须超越狭隘的个体主义道德,去追求一种更高的整体性道德规范。就全球生态伦理而言,它把这个因为环境问题使国际社会及其结构变化日趋复杂的时代作为“全球政治”时代来把握,这种全球主义伦理虽不能完全代替个体主义伦理,但它要求个体或国家在个体伦理或国家伦理与全球伦理发生冲突时,应以全球伦理为价值参照点。

(4)共同责任原则

全球生态伦理是一种责任伦理,在其伦理规范中体现着对人类的责任意识,这种责任既指涉于现在,也指涉于未来。它要求人类本着对自身及后代负责的态度,共同担负起保护自然环境的责任。同时,对于已经遭到破坏的自然环境,人类应共同承担起责任,采取协调一致的措施来给予治理和补救。《里约环境与发展宣言》中写道:“致力于达成既尊重所有各方的利益,又保护全球环境与发展体系的国际协定,认识到我们的家园——地球的整体性和相互储存性。”因此,在保护环境、治理环境方面,发达国家非但不能把责任推卸给发展中国家,还应该勇于担负起责任。

以上4项道德原则涉及人与自然的关系、人类自身的发展、人类思维方式的转变、人类责任意识的确立等方面,从而粗线条地勾画出了全球生态伦理的主要规范内涵。

### 2. 全球有节制发展的理念

为实现全球可持续发展的目标，世界各国应汲取历史的教训与经验，切实以全球性生态伦理约束和规范自身行为，达到人类经济社会与生态环境的和谐发展。

20 世纪五六十年代是世界各国，特别是西方国家战后恢复经济、极力追求经济增长的时期，由于缺乏生态伦理的约束，人们为了获取经济的发展不顾一切地掠夺自然资源，从而在得到 GDP 高速增长的同时，付出了生态环境严重恶化、经济增长与环境失调的惨重代价，同时也加剧了人与人之间、国家与国家之间的紧张关系。单纯的经济增长所带来的经济繁荣、过度消费以及经济结构的转变，没有为人类带来普遍的幸福，也未令人满意地推进人类社会公正的历史进程。面临日趋严重的生态环境问题，人们开始对追求单纯经济增长的传统发展模式进行深刻反思，最终认识到社会发展的终极目标，不是经济上“量”的扩张和 GDP 的增长，而是“净社会福利”的提高，包括社会政治、治安状况、生活环境等指标在内的“生活质量”的全面提高。与此同时，要保证人类自身的繁衍生息还必须为后代人留下足以满足其发展需要的资源与生态环境，因此在人类走向现代化的历史进程中，既要加快经济发展，又要保护好生态环境，以实现经济、社会、环境的可持续发展。既要加快发展科学技术迎接新技术革命的挑战，又防止技术滥用造成的负面效应，这就要求在全球性生态伦理的约束下调整全球发展的步伐。

以全球的视角审视，世界银行的统计数据显示，在整个 20 世纪人类共消耗了 $2650 \times 10^8$ t 煤炭、$1420 \times 10^8$ t 石油，使大气中的二氧化碳浓度从 20 世纪初的不到 300 μL/L 上升到目前的

400 μL/L。若自然资源的消耗照此速度持续下去,到21世纪中期,人类就将无法在地球上继续生活下去。从不同国家的具体情况来看,20世纪末的数据显示,全世界1/4的人口居住在工业化国家,却占有世界商业能源消耗量的80%,其余3/4居住在发展中国家的人口仅占消耗量的20%。仅林产品的消费量,发达国家的数字为78%,其人口占全球的24%;不发达国家的数字为22%,其人口占全球的76%。发达国家人均消费的能源是发展中国家的35倍至50倍,仅北美洲的人均消费是印度和中国的20倍,是孟加拉国的60倍至70倍。发达国家排放的二氧化碳占75%,排出的氟氯化碳占90%。美国排放的废气占全球的30%,生产固体废物占70%,每出生一个美国人对环境污染的威胁比第三世界国家出生一个人高99倍。而与此相对应的,作为自然资源消费强势主体的发达国家在国际经济贸易和环境领域内建立了一套有利于自身的游戏规则,通过环境利己主义和生态殖民主义等途径,一方面消耗全球特别是发展中国家的大量资源与能源来获取经济上的快速发展;另一方面又以人类"共同的利益"等名义,掩盖其工业化进程中所带来的环境危机和全球范围内生态扩张的事实,推脱其对解决环境危机和补偿对发展中国家所造成的损失等问题上应该承担的责任与义务。发达国家在生态环境改善方面成果颇丰,但他们一方面出于维护本国生态环境的目的,积极运用科学手段循环利用资源;另一方面则从本国以外,特别是发展中国家进口所需资源,并将污染严重的产业转移,以保护本国的资源与环境。这使得发达国家的生态环境得以改善,但他们以发展中国家生态环境恶化作为代价,全球性的生态问题依然严重,甚至更加严重。因此,必须以全球性的生态伦理规范全人类的行为,尤其是发达国家,应主动承担起改善生态环境的责任，要有节制地竞争。发展中国家也应在发达国家技术与资金的援助下，有节制地发展经济，逐步摆脱贫困。同时，进一步发展绿色技术，实现低能耗、低污染的低碳经济发展模式，改善全球性生态环境。

在1972年发表的《增长的极限》中，罗马俱乐部认为解救“世界末日”唯一可能的出路是在之后15年内停止人口和产量增长，达到零增长率的全球均衡。这当然是不切实际且错误的预测，但从全球性生态伦理的角度来看，人类对自然资源毫无节制的掠夺与消耗终将使人类自己面临严重的危机。全球可持续发展要求全球必须要有节制地发展，人类对物质财富的追求应当有所节制，国家之间的竞争也应当有所节制，从而缓解全球性的生态危机，维护人类自身的权益。

### 3. 协同维护全球性生态的理念

实现全球可持续发展和维护全球生态需要全人类的共同努力，但由于全球发展的不平衡，发达国家和发展中国家对可持续发展的关注点各不相同。发达国家更关注环境污染和生态系统的退化，更强调环境和生态系统的可持续性；发展中国家更关注经济发展，关注摆脱贫困。因而，发达国家为保持本国经济的持续增长与生态环境的改善，将污染严重的产业转移至发展中国家，并从发展中国家进口所需资源，发展中国家也从中得到了某种经济发展的补偿，最终导致发展中国家的生态权益受到损害，致使全球生态恶化。20世纪90年代日本占全球热带硬木贸易额的53%以上，美国占15%。整个欧洲占硬木贸易额的32%。大量的硬木被变成价值较低的纸浆。有报道说，单是一家日本公司就把巴布亚新几内亚一处丰富的热带雨林变成照相机、计算机和其他产品的包装材料。而近代工业革命200年来,发达国家排放的二氧化碳占全球排放总量的80%。可见发达国家在维护全球生态环境方面应担负主要责任,实现全球可持续发展不能以延续发展中国家的贫穷和落后或损害欠发达地区的生态环境为代价,发达国家必须率先大幅减少资源消耗并向发展中国家提供必要的资金和技术支持,发展中国家也应根据本国国情在发达国家的援助下,努力实现低碳经济发展模式。

正如《21世纪议程》中所言:"21世纪以来随着科技进步和社会生产力的极大提高,人类创造了前所未有的物质财富,加速推进了文明发展的进程。与此同时,人口剧增、资源过度消耗、环境污染、生态破坏和南北差距扩大等问题日益突出,成为全球性的重大问题,严重地阻碍着经济的发展和人民生活质量的提高,继而威胁着全人类的未来生存和发展。在这种严峻形势下,人类不得不重新审视自己的社会经济行为和走过的历程,认识到通过高消耗追求经济数量增长和'先污染,后治理'的传统发展模式已不再适应当今和未来发展的要求,必须努力寻求一条人口、经济、社会、环境和资源相互协调的,既能满足当代人的需求又不对满足后代人需求的能力构成危害的可持续发展道路。"要实现可持续发展,就要求人类整体必须协同维护全球生态,以低消耗资源的模式(即低碳经济模式)发展经济。

目前发达国家在发展低碳经济方面进行了有益探索,取得了值得发展中国家借鉴学习的经验,其中较有代表性的有:(1)美国杜邦公司于20世纪80年代创造性地把3R(reduce,reuse,recycle)原则发展成为与化学工业实际相结合的"3R制造法",以达到少排放甚至零排放的环境保护目标。该公司通过放弃使用某些环境有害型化学物质、减少某些化学物质的使用量和发明回收本公司产品的新工艺,到 1994 年已经使生产造成的不可降解的塑料废弃物减少了 25%,空气污染物排放量减少了 70%。同时,他们在废塑料,如一次性塑料容器中回收化学物质,开发出了耐用的乙烯材料泰维克等新产品。1997 年,杜邦公司实施了"地毯回收计划",全美 80 家杜邦零售商参与了这一计划,每年回收大约 10000 吨废弃地毯。(2)丹麦的卡伦堡生态工业园区以发电厂、炼油厂、制药厂和石膏制板厂为核心,通过贸易的方式把其他企业的废弃物或副产品作为本企业的生产原料,减少了废物产生量和处理费用,并形成经济发展和环境保护的良好循环,建立了工业横生和代谢生态链关系,最终实现了园区的污染"零排放"。(3)德国早在 1972 年就制定了废弃物处理法,强调废弃物排放后的末端处理。1986 年将其修正为《废弃物限制处理法》,关注如何避免废弃物的产生。1996 年颁布了《循环经济和废物管理法》,确立了产生废物最小化、污染者承担治理义务、官民合作的原则。德国宝马汽车制造商生产的汽车,其 70% 的零件可回收再利用。(4)日本在 1993 年颁布了《环境基本法》,之后陆续出台了《废物处理法》《资源有效利用促进法》《建筑材料循环利用法》《容器包装回收利用法》《家用电器回收利用法》《绿色消费法》和《食品循环利用法》,到 2000 年又颁布了《循环型社会形成推进基本法》,明确了产生废物企业的生产责任和回收义务。1999 年 6 月 5 日世界环境日,日本提出要建立起"最适量生产、最适量消费、最小量废弃"的经济模式。

发展中国家可借鉴发达国家在发展低碳经济方面取得的成绩,尽可能实现经济与生态的协调发展,发达国家也应积极为发展中国家给予必要的技术与资金支持,有效帮助发展中国家加强维护生态环境的能力,承担起改善全球生态环境的责任,实现全球生态环境的改善与保护。简言之,人类应建立全球意识,认识到作为世界共同体一员,人类整体肩负着不可推卸的责任与作用,世界各国应以全球性生态伦理为指导,积极进行多边协商,缔结切实可行的全球环境协议,建立行之有效的国际机制,全人类协同合作(而不仅仅是某几个国家或地区的合作),共同维护全球生态。

## 第二节 “生态权益”与全球生态制度

### 1. 生态权益

《辞海》中将权益定义为依法享有的不容侵犯的权利。那么,生态权益应是指特定的主体在生态环境中所依法享有的不容侵犯的权利及相关利益的实现,主要包括良好生态环境的享有权、合理自然资源的利用权、真实生态状况的知情权以及环境损害请求权。《联合国人类环境会议宣言》(简称《人类环境宣言》)中指出,“人类有权在一种能够过着尊严的和福利的生活环境中,享有自由、平等和充足的生活条件的基本权利,并且负有保证和改善这一代和将来的世世代代的环境的庄严责任”。可见,生态权益不仅包括个人的生态权、人类整体的生态权,同时也包括未来人或者说后代人的生态权。

维护生态权益是建立在人类与自然和谐共存、共同发展的基础上的,从人的角度出发,实现全球性可持续发展的行为准则无疑是要以维护人的生态权益为出发点,只有在人与人之间、现代人与后代人之间公平地享有生态权益,才能够实现可持续发展。

(1)个人生态权的维护

个人的生态权是一项人权,或是人权的一个组成部分,指的是自然人享有适宜健康和良好的生活环境,以及合理利用自然资源的基本权利。由于生态环境包括多种因素,因而不少国家根据不同的生态环境要素或资源将个人生态权益具体化。例如,在美国的一些州宪中规定,个人享有清洁空气权、清洁水权、免受过度噪声干扰权、风景权、环境美学权等;在日本则还包括宁静权、眺望权、通风权、日照权等。这些以法律形式确立的个人生态权益,不仅为个人享有的在适宜环境中生存、发展和合理利用环境资源的权利提供了法律保障,而且也为个体健康和财产因生态恶化遭受损害时的救济请求提供了法律支持。

(2)人类整体生态权的维护

人类整体生态权益是指人类作为整体对生态环境及其资源享有的权利。人类共享的整体生态环境不仅包括国家主权管辖范围之内的资源、环境等,同时也包括国家主权管辖范围之外的共有环境、人类共同继承遗产,如公海、公海海底区域、南极、月球和其他天体等。确立人类整体生态权,是要求人类在开发保护生态环境资源时要兼顾世界各国的生态权益,为全人类保护生态环境,而且人类生态权正在成为国际环境保护合作的法律依据,并得到了许多国际法律文件的认可。例如,1959 年 12 月签订的《南极条约》“承认为了全人类的利益,南极应永远为和平目的而使用,不应成为国际纷争的场所和对象”。在该条约中,南极实际上是“人类共同继承财产”。又如,1967 年 1 月开放签署的《关于各国探测及使用外层空间包括月球与其他天体活动所应遵守原则的条约》指出,“确认为和平目的探测及使用外层空间,包括月球与其他天体,应为所有各国之福利及利益进行之,不论其经济或科学发展之程度如何,应为属于全体人类之事”,且“外层空间,包括月球与其他天体,不得由国家主张主权,或以合作、占领和任何其他方法据为已有”。这些都是人们为了维护人类整体的生态权益做出的努力。

(3)后代人生态权的维护

生态权益所包含的利益是多重的,维护生态权益的目的是为了当代人和后代人的持续生存与发展,同时也是为了每个个人更好地生存,因而生态权益所体现的是整体利益和个人利益、长远利益和眼前利益的结合。生态权益的这种属性,要求现代社会中的人必须与自然建立和谐、尊重的关系,必须克服利己主义倾向,改变功利主义的生态伦理。《人类环境宣言》序言六中写道:“我们决定在世界各地行动的时候,必须更加审慎地考虑行为对环境产生的后果。由于无知或不关心,我们可能给我们的生活和幸福所依靠的地球环境造成巨大的无法挽回的损害。反之,有了比较充分的知识,采取比较明智的行动,我们就可能使我们自己和我们的后代在一个比较符合人的需要和希望的环境中过着较好的生活。”从客观的角度来看,现代人维护生态环境,有节制地开发自然资源,实现可持续发展的目标,这就是对后代人生态权的有效维护。

## 2. 全球生态制度

生态环境本身具有无边界性和流动性等特点,这决定了区域性的生态问题会在一定程度上影响全球,甚至扩张为全球性的生态问题。为了避免市场运行的盲目性和人类对自然的肆意掠夺所引发的生态破坏,并防止国家在协调生态权益过程中的国家利己主义,需要建立超越国家政权的约束制度来保障人类的生态权益,实现全球可持续发展。换言之,生态环境问题的国际化决定了与之相对应的解决对策的国际化,传统中以国家为单位各自采取措施的方法已经无法适应解决全球生态问题的需要。1992 年《里约环境与发展宣言》中确立了关于人类共同利益的原则,指出应“致力于达成既尊重所有各方的利益,又保护全球环境与发展体系的国际协定,认识到我们的地球的整体性和相互依存性”。国际法作为在国际范围内具有普遍约束力与执行力的制度体系,为人类改善生态环境、实现生态目标提供了法律保障。

(1)有关全球生态的国际法

所谓国际法是指在国家交往中形成的,用以调整国际关系的、有法律约束力的原则、规则和制度的总体。有关全球生态环境的国际法是在全球范围内具有普遍约束力,用以维护全球性的生态环境、维护包括现代人和后代人在内的人类整体生态权益的法律制度。目前有关全球生态环境的既有国际法和得到国际社会广泛认同的公约或协定介绍如下(根据制定或生效时间排列):

①《国际植物保护公约》。1951 年联合国粮食和农业组织通过了一个有关植物保护的多边国际协议,即《国际植物保护公约》(简称 IPPC)。该公约于 1951 年生效,之后分别于 1979 年和 1997 年进行了修改。其目的是确保全球农业安全,并采取有效措施防止有害生物随植物和植物产品传播与扩散,加强有害生物控制。它为区域与国家植物保护组织提供了一个国际合作、协调一致与技术交流的框架。

②《禁止在大气层、外层空间和水下进行核武器试验条约》。该条约于 1963 年 10 月 10 日生效,其主要目的是按照联

合国的宗旨尽快达成一项在严格的国际监督下的全面裁军协定，这项协定将制止军备竞赛，销毁用于生产和试验的各种核武器，包括核武器的刺激因素，谋求永远不再进行一切核武器试验爆炸，决心继续为此目的进行谈判，并希望使人类环境不再受放射性物质污染。

③《人类环境宣言》。1972 年 6 月 16 日在斯德哥尔摩通过的《人类环境宣言》，阐明了参加会议的国家和国际组织所取得的七点共同看法和二十六项原则，以鼓舞和指导世界各国人民保护和改善人类环境。该宣言明确指出，"按照《联合国宪章》和国际法原则，各国具有按照其环境政策开发其资源的主权权利，同时亦负有责任，确保在其管理或控制范围内的活动，不致对其他国家的或其本国管辖范围以外地区的环境造成损害"，且"有关保护和改善环境的国际问题，应当由所有国家，不论大小，在平等的基础上本着合作精神来加以处理"。这项宣言对于促进国际环境法的发展具有重要作用。

④《联合国海洋法公约》。1982 年 12 月 10 日在牙买加的蒙特哥湾召开的第三次联合国海洋法会议上通过了《联合国海洋法公约》。这是用以规范各国管辖范围内外各种水域的法律，调整国家之间、国家与国际组织之间海洋关系的国际公法，于 1994 年 11 月 16 日生效。该公约规定一国对距其海岸线 370.4 千米的海域拥有经济专属权，并规定各国应采取一切必要措施以防止、减少和控制由于故意或偶然在海洋环境某一特定位置引进外来的或新的物种导致海洋环境发生的重大变化或有害变化。

⑤《保护臭氧层维也纳公约》及《蒙特利尔破坏臭氧层物质管制议定书》。这两项文件分别于 1985 年 3 月和 1987 年 9 月

通过,《保护臭氧层维也纳公约》明确指出大气臭氧层耗损对人类健康和环境可能造成的危害,规定缔约国采取适当措施以避免遭受改变臭氧层的人类活动造成的或可能造成的不利影响。之后通过的《蒙特利尔破坏臭氧层物质管制议定书》,其目的是制定控制消耗臭氧层物质的全球生产和使用的长期与短期战略。议定书在前言中指出,消耗臭氧层物质在生产和使用过程中的排放对臭氧层直接造成破坏,因而对人类健康和环境造成了较大的负面影响。基于预防审慎原则,国际社会应采取行动淘汰这些物质,加强研究和开发替代品。

⑥《联合国生物多样性公约》。该公约于1992年5月22日在内罗毕讨论通过,继而有150多个国家和地区在巴西里约热内卢的联合国环境与发展大会上签署了这份文件。《联合国生物多样性公约》是一个框架性文件,为每一个缔约国如何履行公约留下了充分的余地,并将主要的决策权放在国家层面而不列全球性的清单。通过遗传资源的获取和利用、技术转让与生物安全(转基因生物释放的安全)等议题,该公约试图阐述生物多样性的所有细节。可以说《联合国生物多样性公约》涵盖了所有的生态系统、物种和基因资源,是目前已经生效的保护生物资源的最重要的国际公约,它把传统的保护和可持续利用生物资源的经济目标联系起来。

⑦《里约环境与发展宣言》。1992年6月3日至14日联合国环境与发展大会在巴西里约热内卢召开,这是继1972年6月瑞典斯德哥尔摩联合国人类环境会议后,环境与发展领域中规模最大、级别最高的一次国际会议。会议是在全球环境持续恶化、发展问题更为严重的情况下召开的,围绕着环境与发展这一主题,在维护发展中国家主权和发展权、发达国家提供资金和技

术等问题上进行了艰苦的谈判,最后通过了一个有关环境与发展方面的国家和国际行动的指导性文件,即《里约环境与发展宣言》(又被称为《地球宪章》)。这是一项全球性的政治宣言,就环境与发展领域的国际合作规定了一般性原则,确定了各个国家在寻求人类发展和繁荣时的权利和义务,制定了人和国家的行动规范。该宣言指出,和平、发展和保护环境是互相依存、不可分割的,世界各国应在环境与发展领域加强国际合作,为建立一种新公平的全球伙伴关系而努力。该宣言获得了更加广泛的国际参与,为国际和各国的环境法发展提供了具体规则和原则的框架,对各国的决策起到了重要的指导作用。

与该宣言同时在这次会议上通过的还有《21 世纪议程》和《关于森林问题的原则声明》两项文件。

⑧《联合国气候变化框架公约》。该公约同样在是 1992 年巴西里约热内卢的联合国环境与发展大会上通过的,并于 1994 年 3 月 21 日正式生效。《联合国气候变化框架公约》是世界上第一个为全面控制二氧化碳等温室气体排放以应对全球气候变暖给人类经济和社会带来不利影响的国际公约,也是国际社会在应对全球气候变化问题上进行国际合作的一个基本框架。该公约规定发达国家为缔约方,应采取措施限制温室气体排放,同时要向发展中国家提供新的额外资金以支付发展中国家履行公约所增加的费用,并采取一切可行的措施促进有关技术转让的进行。《联合国气候变化框架公约》的最终目标是“将大气中温室气体的浓度稳定在防止气候系统受到危险的人为干扰的水平上,这一水平应当在足以使生态系统能够自然地适应气候变化、确保粮食生产免受威胁、使经济发展能够持续进行的时间范围内实现”。

《联合国气候变化框架公约》不仅开创了一个新的国际法调整领域,而且在国际法律调整手段、调整方法和具体的法律原则与制度方面都有不同程度的突破,由此积极推动了整个国际环境法的发展。

⑨《国际生物技术安全技术准则》。该准则于 1995 年 12 月在开罗通过,是在生物安全管理方面内容比较全面的一个国际文件,集中了当时的全球性、区域性和国家级生物安全管理法律文件中的共同规定和原则。其目的是形成评价生物技术安全,评估有关生物技术管理的可预见性风险,以及对生物技术安全进行监测、研究和情报交流的机制。

⑩《联合国气候变化框架公约的京都议定书》。自《联合国气候变化框架公约》生效以来,缔约各方,特别是对现在“温室气体”增加负主要责任的工业国家,几乎均未采取措施来限制二氧化碳的排放。根据该公约第十七条规定,缔约方会议可以在任何一次会议上通过公约议定书。为了增加对缔约各方的约束,1997 年 12 月 11 日在日本京都召开的缔约方第三次会议上,各缔约国经过 12 天艰难的谈判,通过了《联合国气候变化框架公约的京都议定书》。该议定书共 28 条,规定缔约方应个别地或共同地在 2008 年至 2012 年的承诺期内,将温室气体的全部排放量在 1990 年水平上平均减少 5%。其中欧盟接受 8%的减少量,美国接受 7%,日本和加拿大接受 6%,而发展中国家包括中国、印度等主要的二氧化碳排放国并不受约束。该议定书制定了 3 种灵活的机制以帮助缔约方实现承诺,即联合履行(Joint Implementation)、排放贸易(Emissions Trading)和清洁发展(Clean Development)。根据这些灵活机制,发达国家可以在他们之间或与发展中国家,通过转让或购买排放许可,以最低成

本达到他们减排的目标。

(2)有关全球生态环境理论的制度主张

近几十年来,为改善全球生态环境并避免进一步的恶化,发达国家和发展中国家在建立与加强国家环境立法方面的合作取得了令人瞩目的进展。现在,约有160多个多边环境公约已经生效,日益增多的所谓"软法律",即原则、目标、准则及行为规则等也已被采纳或正在制定为法律。尽管国际生态法律颇丰,但成效却不太令人满意,有关全球生态环境的国际立法还应进一步充实完善,满足可持续发展的公平原则,加强操作性与约束力,并优先考虑向发展中国家提供各类经济援助和技术援助问题。具体而言,本研究认为应在有关全球生态环境的国际立法中进一步完善与改进:

①明确地界定公平,满足代内公平与代际公平。任何破坏生态和滥用资源的行为都是国际生态法所不允许的,因为这都是对同时代的其他人和所有后代人的生态权益的侵害。人类社会是以世代延续的状态发展的,当今世代成员与过去和将来世代的成员都是人类整体中的一员,当代人既是后代地球生态环境的管理人和受托人,同时也是过去世代遗留的资源和成果的受益人。因此,为维护全球生态环境,国际立法应满足代内公平与代际公平,在全球生态伦理的约束下,实现全球可持续发展。

目前人们已经在满足代内公平与代际公平方面有所重视。美国《国家环境政策法》强调,"联邦政府与各州和地方政府,以及有关的公共和私人团体合作,运用包括财政和技术援助在内的一切切实可行的手段和措施,旨在发展和促进普遍的方式和福利,创造和保持人类与自然得以在建设性的和谐中生存的各项条件,实现当代美国人及其子孙后代对社会、经济和其他方面的要求”。《里约环境与发展宣言》的原则三指出,“为了公平地满足今世后代在发展与环境方面的需要,求取发展的权利必须实现”。由此可见,代际公平与代内公平已是生态环境立法的基本要求,但一个值得关注的基本问题是,目前人们在公平的评判标准方面还未能形成统一的认识。正如前文所述:“在人类各群体之间、各社会成员之间,如何公平地共享自然生态系统,如何分享自然生态系统所提供的各种生态功能,如何公平地分担起对自然生态系统的维护责任,如何公平地分担对生态恢复、环境污染的治理责任,如何以协同的行为使可持续发展得以落实。”这些都是需要弄清的问题。

全球可持续发展归根到底是全球经济利益与生态利益相协调的公平性问题,在全球可持续发展的目标下,国际间应致力于解决各种不公平问题,以满足代内公平与代际公平的国际法律约束人们的行为,最终实现人与自然的和谐发展。

②完善生态援助与生态补偿机制。从历史的角度来看,发达国家之所以发达,是由于他们充分利用并攫取了世界资源,并在发展过程中掠夺了全世界特别是发展中国家的资源,转嫁了污染,从而导致全球经济社会发展的两极分化。因此,发达国家对全球生态恶化负有主要责任,也应当担负起维护和改善全球生态环境的主要责任,大力发展绿色技术、减少生态破坏、进行生态修复,并为发展中国家积极提供资金与技术援助,以帮助发展中国家建立改善生态环境的机制与设施。

生态补偿既包括对保护和修复生态环境行为的补偿,也包括对损害生态环境行为的收费。前者是改善生态环境的积极行为,后者是减少生态破坏的消极应对。通过提高保护和修复生态环境的收益与损害生态环境的成本,激励行为主体调整其行为，达到保护生态的目的。通过成本内部化原理，解决生态环境保护领域的外部性问题，使生态环境得到合理、持续的开发、利用和建设，从而达到经济发展与保护生态平衡协调，促进全球可持续发展的最终目标。

有效的生态援助与生态补偿机制能够更好地维护全球生态环境，但在具体执行中需要一个超越国家主权的权威机构保证机制的执行力，为弱势方提供法律支持，对强势方进行法律约束，从而达到利益平衡。

③加强国际法的约束与执行力度。目前全球生态环境呈现出局部有所改善、整体持续恶化的现象，一方面是国际法本身不具有强制执行力，作为国际法约束对象的国家或地区在不遵守法律规定的义务和责任时，没有一个超越国家主权的权威机构对其进行处罚或惩罚力度过小；另一方面是有关全球生态环境的国际法虽然理论上在世界各国达成了共识，但在具体的规则设定、权利义务分配、责任构成等方面未能取得广泛的认同，国际法的约束力无法得到全球性的贯彻，所以在进行国际立法时需要加强法律的约束力与执行力。

④鼓励绿色技术的开发与国际科技立法。建立全球技术合作系统，鼓励发达国家进行绿色技术的开发，并积极对发展中国家进行技术援助。进行国际科技立法，在应用大型新技术之前，由权威机构对该技术产生生态环境影响和社会的影响进行评估，使技术的合作与应用在相关国际法的规定与规划下进行，最大程度地避免发生为获取短期利益而危害生态环境、损害长远利益的情况，制定“强制转让”与“强制许可”政策，充分发挥绿色技术对全球生态环境的保护作用。

# 参考文献

[1] 2011 年国际大事回顾[EB/OL]. http://news.xinhuanet.com/ziliao/2011-02/10/c_121060410.htm,2011-02-10.

[2] 2011 年国内大事回顾[EB/OL]. http://news.xinhuanet.com/ziliao/2011-04/08/c_121231679.htm,2011-04-08.

[3] A Davis. The Role of the WMO in Environmental Issues[J]. International Organization, Vol.26 No.2 1972:327-336.

[4] Birdsal N. Another Look at Population and Global Warming: Population, Health and Nutrition Policy Research [R]. Washington, DC: World Bank, WPS 1020, 1992.

[5] Chung U, Choi J, Yun J I. Urbanization effect on the observed change in mean monthly temperatures between 1951—1980 and 1971—2000 in Korea [J]. Climate Change, 2004(66):127-136.

[6] Coondoo D, S Dinda. Causality Between Income and Emission: a Country Group-specific Econometric Analysis[J]. Ecological Economics, 2002,40(3):351-367.

[7] Dalton, Michael, Brian C, O'Neill, et al. Population Aging and Future Carbon Emissions in the United States[J]. Energy Economics, 2008(30):642-675.

[8] Dalton, Michael, Brian C O'Neill, Alexia Prskawetz, Leiwen Jiang, and John Pitkin. Population Aging and Future

Carbon Emissions in the United States[J]. Energy Economics, 2008(30):642 - 675.

[9] Dalton, Michael, Leiwen Jiang, Shonali Pachauri and B C O'Neill. Demographic Change and Future Carbon Emissions in China and India[R]. Population Association of America. New York, 2007.

[10] Dasgupta S, Mody A, Roy S, Wheeler D . Environmental Regulation and Development: a Cross-Country Empirical Analysis[J]. Oxford Development Studies, 2001(29):173 - 185.

[11] Ehrlich P R, G Wolff, et al. Knowledge and the Environment[J]. Ecological Economics, 1999,30(2):98 - 104.

[12] Elder, J & Kennedy, P E. Testing for unit roots: What should students be taught? [J]. Journal of Economic Education, 2001.

[13] Erdogdu, E. Electricity demand analysis using cointegration and ARIMA modeling: A case study of Turkey[J]. Energy Policy, 2007(35): 1129 - 1146.

[14] Friedl B, M Getzner. Determinants of $CO_2$ Emissions in a Small Open Economy[J]. Ecological Economics, 2003,45(1):133 - 148.

[15] Grossman G M, Krueger A. Economic Growth and Environment[J]. Quarterly Journal of Economic, 1995(110):357 - 378.

[16] Holttinen H, S Tuhkanen. The Effect of Wind Power on $CO_2$ Abatement in the Nordic Countries[J]. Energy Policy,

2004,32(14):1639 - 1652.

[17] Ichmura M. Urbanization, Urban Environment and Land Use Challenges and Opportunities[R]. Asia-Pacific Forum for Environment and Development, 2003.

[18] Ichmura M. Urbanization. Urban Environment and Land Use Challenges and Opportunities[R]. Asia-Pacific Forum for Environment and Development, 2003.

[19] Karl T R, Jones P D. Comments on "Urban bias in area averaged surface air temperature trends" Reply to GM Cohen[J]. Bulletin of the American Meteorological Society, 1990(71):571 -574.

[20] Kim . Changes in Consumption Patterns and Environmental Degradation in Korea [J]. Structural Change and Economic Dynamics, 2002(13):1 -48.

[21] Knapp T, R Mookerjee. Population Growth and Global $CO_2$ Emissions[J]. Energy Policy, 1996,24(1):31 -37.

[22] Kumar A, S C Bhattacharya, et al. Greenhouse Gas Mitigation Potential of Biomass Energy Technologies in Vietnam Using the Long Range Energy Alternative Planning System Model[J]. Energy, 2003,28(7):627 -654.

[23] Lenzen M. Primary Energy and Greenhouse Gases Embodied in Australian Final Consumption: an Input-output Analysis[J]. Energy Policy, 1998,26(6):495 -506.

[24] Levinson A. Environmental Regulations and Manufacturers Location Choices: Evidence from the Census of Manufactures[J]. Journal of Public Economics, 1996(62),2:5

-29.

[25] Li Y, Hewitt C N. The Effect of Trade between China and the UK on National and Global Carbon Dioxide Emissions [J]. Energy Policy, 2008(36):1907-1914.

[26] MS Soroos. The Atmosphere as an International Common Property Resource[A]. Global Policy Studies: International Interaction Toward Improving Public Policy[M]. MacMillan, London, 1991:120.

[27] Matthew A Cole. Development, Trade, and the Environment: How Robust is the Environmental Kuznets Curve? [J]. Environment and Development Economics, 2003, 8: 557-580.

[28] Peters G P, Hettwich E G. $CO_2$ Embodied in International Trade with Implications for Global Climate Policy[J]. Environmental Science and Technology, 2008a (42): 1401-1407.

[29] Prskawetz, Alexia, Leiwen Jiang, and Brian C O' Neill. Demographic Composition and Projections of Car Use in Austria[J]. Vienna Yearbook of Population Research, 2004:175-201.

[30] Pruschek R, G Haupt, et al. The Role of IPCC in $CO_2$ Abatement [J]. Energy Conversion and Management, 1997, 38(1):153-158.

[31] Schipper L, Bartlett S, et al. Linking Life-styles and Energy use: a Matter of Time? [J]. Annual Review of Energy, 1998(14): 271-320.

[32] Shafik N, S Bandyopadhyay. Economic Growth and Environmental Quality: Time Series and Cross-Country Evidence [R]. Washington, DC: The World Bank, Backgroud Paper for the World Development Report, 1992.

[33] Shi Anqing. The Impact of Population Pressure on Global Carbon Dioxide Emissions, 1975—1996: Evidence from Pooled Cross-country Data [J]. Ecological Economics, 2003,44(1):29 -42.

[34] Shui B, Harriss R C. The Role of $CO_2$ Embodiment in US-China Trade[J]. Energy Policy, 2006(34):4063 -4068.

[35] Smarzynska B J, S J Wei. Pollution Havens and Foreign Direct Investment: Dirty Scret or Popular Myth[A]. The B. E. Journal of Economic Analysis and Policy [M]. Berkeley Electronic Press, 2004.

[36] Wang T, Watson J. Who Owns China's Economic Growth, 1952—1999: Incorporating Human Capital Accountation [J]. World Bank Working Paper, 2006.

[37] Weber Christoph, Perrels Adriaan. Modelling Lifestyle Effects on Energy Demand and Related Emission[J]. Energy Policy, 2000(28):549 -566.

[38] Wei YiMi ing, Liu LarrCui, Fan Ying, et al., The Impact of lifestyle on Energy Use and $CO_2$ Emission: An Empirical Analysis of China's Residents[J]. Energy Policy, 2007 (35):247 -257.

[39] World Bank. World Development Report 2009[R]. Washington, DC. World Bank, 2008.

[40] Xing Y, C D Kolstad. Do lax environmental regulations attract foreign investment [J]. Environmental and Resource Economics, 2002(21),1:1-22.

[41] Xu X P. International Trade and Environmental Policy: How Effective Is "Eco-dumping"? [J]. Economic Modelling, 2000(17):71-90.

[42] York R, E A Rosa, T Dietz. STIRPAT, IPAT and IMPACT: Analytic Tools for Unpacking the Driving Forces of Environmental Impacts[J]. Ecological Economics, 2003, 46(3):351-365.

[43] James Kanter,武军. 联合国发出关于人口和环境的"最后警告"[J]. 英语文摘, 2008(1):44-46.

[44] IPCC. 气候变化 2007:综合报告[R]. 瑞士:日内瓦, 2007:104.

[45] IPCC. 气候变化 2014:综合报告[R]. 瑞士:日内瓦, 2014:155.

[46] 克莱夫·姆汤加,卡伦·哈迪. 你与全球气候变化——全球二十余位顶尖级专家学者谈人类活动与全球气候变化的关系:气候变化《国家适应行动方案》中的人口和生殖健康[J]. 人口与计划生育,2011(5):62.

[47] 大卫·萨特斯韦特. 你与全球气候变化——全球二十余位顶尖级专家学者谈人类活动与全球气候变化的关系:人口增长和城市化对气候变化的影响[J]. 人口与计划生育, 2011(2):61.

[48] 包群,彭水军. 经济增长与环境污染:基于面板数据的联立方程估计[J]. 世界经济, 2006(11):48-58.

[49] 陈德敏,张瑞. 环境规制对中国全要素能源效率的影响——基于省际面板数据的实证检验[J]. 经济科学,2012(4):49-65.
[50] 陈媛媛. 行业环境管制对就业影响的经验研究:基于25个工业行业的实证分析[J]. 当代经济科学,2011(3):67-73.
[51] 崔立志,常继发. 环境规制对就业影响的门槛效应[J]. 软科学,2018(8):20-48.
[52] 丁成日,孟晓晨. 美国城市理性增长理念对中国快速城市化的启示[J]. 城市发展研究,2007(4):120-126.
[53] 丁金光. 巴黎气候变化大会与中国的贡献[J]. 公共外交季刊,2016(1):41-47.
[54] 杜立民. 我国二氧化碳排放的影响因素:基于省级面板数据的研究[J]. 南方经济, 2010(11):20-33.
[55] 樊纲,苏铭,曹静. 最终消费与碳减排责任的经济学分析[J]. 经济研究, 2010(1):4-14.
[56] 方铭,许振成,彭晓春,董家华. 人口城市化与城市环境定量关系研究——以广州市为例[J]. 安徽农业科技,2009(34):17041-17044.
[57] 冯相昭,邹骥. 中国 $CO_2$ 排放趋势的经济分析[J]. 中国人口·资源与环境, 2008(3):43-47.
[58] 傅京燕,李丽莎. 环境规制、要素禀赋与产业国际竞争力的实证研究——基于中国制造业的面板数据[J]. 管理世界,2010(10):87-98.
[59] 郭志刚. 六普结果表明以往人口估计和预测严重失误[J]. 中国人口科学, 2011(06):2-13.

[60] 韩晓芳,丁威.习近平生态文明思想的意蕴及三个价值维度——基于人与自然和谐共生的视角[J].学术论坛,2018(4):86-91.
[61] 蒋芳,刘盛,袁弘.北京城市蔓延的测度与分析[J].地理学报,2007(6):649-658.
[62] 蒋耒文.人口变动对气候变化的影响[J].人口研究,2010(1):59-69.
[63] 蒋勇.环境规制、环境规制竞争与就业——基于省际空间杜宾模型的分析[J].贵州财经大学学报,2017(5):79-89.
[64] 靳贤福,任志谋,张琦.水资源存在问题及对策[J].甘肃农业,2001(1):20-22.
[65] 李梦洁.环境规制、行业异质性与就业效应——基于工业行业面板数据的经验分析[J].人口与经济,2016(1):66-77.
[66] 李梦洁,杜威剑.环境规制与就业的双重红利适用于中国现阶段吗?——基于省际面板数据的经验分析[J].经济科学,2014(4):14-26.
[67] 李楠,邵凯,王前进.中国人口结构对碳排放量影响研究[J].中国人口·资源与环境,2011(6):19-23.
[68] 李珊珊.环境规制对异质性劳动力就业的影响——基于省级动态面板数据的分析[J].中国人口·资源与环境,2015(8):135-143.
[69] 刘兰翠,范英,吴刚,魏一鸣.温室气体减排政策问题研究综述[J].管理评论,2005(10):46-54.
[70] 刘民权,俞建拖.环境与人类发展:一个文献述评[J].

北京大学学报(哲学社会科学版),2010(2):144-151.
[71] 刘荣茂,张莉侠,孟令杰. 经济增长与环境质量:来自中国省际面板数据的证据[J]. 经济地理, 2006(3):374-377.
[72] 刘新勇. 论人口城市化对环境的影响[J]. 科技情报开发与经济,2006(22):112-114.
[73] 陆旸. 从开放宏观的视角看环境污染问题:一个综述[J]. 经济研究,2012(2):146-158.
[74] 陆旸. 环境规制影响了污染密集型商品的贸易比较优势吗? [J]. 经济研究,2009(4):28-40.
[75] 彭水军,包群. 中国经济增长与环境污染——基于广义脉冲响应函数法的实证研究[J]. 中国工业经济, 2006(5):15-23.
[76] 秦楠,刘李华,孙早. 环境规制对就业的影响研究——基于中国工业行业异质性的视角[J]. 经济评论,2018(1):106-119.
[77] 任国玉,初子莹,周雅清,等. 中国气温变化研究最新进展[J]. 气候与环境研究, 2005(4):701-716.
[78] 施美程,王勇. 环境规制差异、行业特征与就业动态[J]. 南方经济,2016(7):48-62.
[79] 宋杰鲲. 我国二氧化碳排放量的影响因素及减排对策分析[J]. 价格理论与实践, 2010(1):37-38.
[80] 汤韵,梁若冰. 两控区政策与二氧化硫减排——基于倍差法的经验研究[J]. 山西财经大学学报, 2012(6):9-16.
[81] 王芳,周兴. 人口结构、城镇化与碳排放——基于跨国面

板数据的实证研究[J]. 中国人口科学, 2012(2):47-56.

[82] 王芳,周兴. 影响我国环境污染的人口因素研究——基于省际面板数据的实证分析[J]. 南方人口,2013(6):8-18.

[83] 王芳. 影响我国空气质量的因素研究——基于省际面板数据的经验分析[J]. 广东行政学院学报,2014(2):74-79.

[84] 王桂新,刘旖芸. 上海人口经济增长及其对环境影响的相关分析[J]. 亚热带资源与环境学报,2006(3):41-50.

[85] 王婷,吕昭河. 人口增长、收入水平与城市环境[J]. 中国人口·资源与环境,2012(4):143-149.

[86] 王勇,陈洁,施美程. 环境规制、地方政府竞争与劳动力需求溢出[J]. 环境经济研究,2017(4):49-71.

[87] 王勇,李建民. 环境规制强度衡量的主要方法、潜在问题及其修正[J]. 财经论丛,2015(5):98-106.

[88] 王勇,李雅楠,李建民. 环境规制、劳动力再配置及其宏观含义[J]. 经济评论,2017(2):33-47.

[89] 王勇,施美程,李建民. 环境规制对就业的影响——基于中国工业行业面板数据的分析[J]. 中国人口科学,2013(3):54-64.

[90] 邬彩霞. 对外开放、人口增长对我国二氧化硫排放的影响[J]. 中国人口·资源与环境,2010(11):143-146.

[91] 徐国泉,刘则渊,姜照华. 中国碳排放的因素分解模型及实证分析:1995—2004[J]. 中国人口·资源与环境,

2006(6):158 -161.

[92] 徐中民,程国栋.中国人口和富裕对环境的影响[J].冰川冻土,2005(5):767 -773.

[93] 薛冰,黄裕普,姜璐,王婷,唐呈瑞.《巴黎协议》中国家自主贡献的内涵、机制与展望[J].阅江学刊,2016(4):21 -26.

[94] 闫文娟,郭树龙.中国环境规制如何影响了就业——基于中介效应模型的实证研究[J].财经论丛,2016(10):105 -112.

[95] 闫文娟,郭树龙,史亚东.环境规制、产业结构升级与就业效应:线性还是非线性?[J].经济科学,2012(6):23 -32.

[96] 于峰,齐建国,田晓林.经济发展对环境质量影响的实证分析——基于1999—2004年间各省市的面板数据[J].中国工业经济,2006(8):36 -44.

[97] 袁加军.环境库兹涅茨曲线研究——基于生活污染和空间计量方法[J].统计与信息论坛,2010(4):9 -15.

[98] 张荣忠.城市抗击气候变暖的“杀手锏”[J].世界环境,2010(6):77 -80.

[99] 张中元,赵国庆.FDI、环境规制与技术进步——基于中国省际数据的实证分析[J].数量经济技术经济研究,2012(4):19 -32.

[100] 赵白鸽.人口方案和应对气候变化[J].人口研究,2010(1):43 -46.

[101] 赵细康.环境保护与产业国际竞争力:理论与实证分析[M].北京:中国社会科学出版社,2003.

[102] 朱勤,彭希哲,傅雪. 我国未来人口发展与碳排放变动的模拟分析[J]. 人口与发展, 2011(1):2-15.
[103] 朱勤,彭希哲,陆志明,于娟. 人口与消费对碳排放影响的分析模型与实证[J]. 中国人口·资源与环境, 2010(2):98-102.
[104] 周生贤. 走向生态文明新时代——学习习近平同志关于生态文明建设的重要论述[J]. 求是,2013(17):17-19.
[105] 钟茂初,史亚东,孙元. 全球可持续发展经济学[M]. 北京:经济科学出版社,2011.
[106] 宋俊荣.《京都议定书》框架下的碳排放贸易与 WTO[J]. 前沿. 2010(13):57-60.
[107] 王芳. 我国水污染现状及其影响因素分析:2003—2011——基于跨省面板数据的实证研究[J]. 未来与发展,2014(4):17-21.
[108] 王芳. 中国省际环境规制强度测度与分析——基于2003—2016 年的数据[J]. 可持续发展,2019(2):260-269.
[109] 王芳. 京津冀地区雾霾天气的原因分析及其治理[J]. 求知,2014(7):40-42.
[110] 潘家华. 国家利益的科学论争与国际政治妥协——联合国政府间气候变化专门委员会《关于减缓气候变化社会经济分析评估报告》述评[J]. 世界经济与政治,2002(2):56-60.
[111] 张晓华,高云,祁悦,傅莎. IPCC 第五次评估报告第一工作组主要结论对《联合国气候变化框架公约》进程的影

响分析[J]. 气候变化研究进展,2014(1):14 - 19.

[112] 高云,孙颖. IPCC 在国际应对气候变化谈判中的地位和作用[C]//王伟光,郑国光. 应对气候变化报告(2009):通向哥本哈根. 北京:社会科学文献出版社,2009:55 - 58.

[113] 董亮,张海滨. IPCC 如何影响国际气候谈判——一种基于认知共同体理论的分析[J]. 世界经济与政治,2014(8):64 - 83.

[114] 王伟中,陈滨,鲁传一,吴宗鑫.《京都议定书》和碳排放权分配问题[J]. 清华大学学报(哲学社会科学版),2002(6):81 - 85.

[115] 何建坤,刘滨,陈文颖. 有关全球气候变化问题上的公平性分析[J]. 中国人口·资源与环境, 2004(6):12 - 15.

[116] 庄贵阳,陈迎. 国际气候制度与中国[M]. 北京:世界知识出版社,2005.

[117] 潘家华,陈迎. 碳预算方案:一个公平、可持续的国际气候制度框架[J]. 中国社会科学,2009(5):83 - 98.

[118] 崔大鹏. 国际气候合作的政治经济学分析[M]. 北京:商务印书馆,2003.

[119] 于宏源. 国际机制中的利益驱动与公共政策协调[J]. 复旦学报(社会科学版),2006(3):51 - 57.

[120] 于宏源. 整合气候和经济危机的全球治理:气候谈判新发展研究[J]. 世界经济研究,2009(7):10 - 15.

[121] 王铮,蒋铁红,吴静,郑一萍,黎华群. 技术进步作用下中国 $CO_2$ 减排的可能性[J]. 生态学报, 2006(2):423 - 431.

[122] 王铮,黎华群,张焕波,龚轶. 中美减排二氧化碳的 GDP 溢出模拟[J]. 生态学报, 2007(9):3718－3726.

[123] 王铮,朱永彬. 我国各省区碳排放量状况及减排对策研究[J]. 中国科学院院刊, 2008(2):109－115.

[124] 丁仲礼,段晓男,葛全胜,张志强. 2050 年大气 $CO_2$ 浓度控制:各国排放权计算[J]. 中国科学(D 辑:地球科学), 2009(8):1009－1027.

# 后　　记

本书是我的第一本专著，虽在仓促之间完成，尚有许多的不足与遗憾，但在交付出版之际，依然让我感慨万分、心潮澎湃。

自2010年博士毕业以来，我从一名学术“小白”成长为一名专职的科研工作者，其间的角色转换与学术成长不可谓不难。在这过程中，尤其要感谢我的博士后导师、南开大学钟茂初教授。钟老师少年离家求学，从物理学本科转入经济学硕博研究领域，不仅擅长将理科思维运用在经济学的分析当中，同时还极具文学造诣。钟老师数十年如一日醉心于学术研究与研究生的培养，心无旁骛，让我近距离感受到了文人风骨的熏陶；钟老师对于时事的评论与国情的洞悉更让我深刻体会到学者的社会责任与家国情怀。本书是在跟随钟老师进行博士后研究时所做的国际气候变化课题基础上完成的。虽然此书非常浅薄，远未达到钟老师的要求，但仍然要在书末向钟老师表达我最诚挚的感谢，也请老师相信，未来我将继续努力，向着老师要求的标准靠近。

在我的科研路上还有无数的师长与好友给予了我无私的帮助与支持，在此我要向我的博士生导师原新教授、南开大学的李建民教授和陈卫民教授、北京大学的陆杰华教授、人民大学的段成荣教授、河北大学的王金营教授，以及南开大学出版社的童颖老师、张维夏老师、王冰老师，和其他我未能一一提及姓名的老师们致以最真挚的谢意。同时，还要感谢天津行政学院的领导与老师们，给予我工作上的关心与支持；感谢澳门大学陈建新教授、萧杨辉教授在我赴澳门大学访学与博士后研究时给予的帮助与鼓励;感谢纽约州立大学宾罕姆顿分校经济学系的波拉切克(Polachek)教授在我赴美访学期间给予的教导与关怀。他们对我学术上的成长至关重要,因此在此也向这些师长们致以真挚的感谢!

九年前,我在完成博士毕业论文时向无私奉献的父母、相濡以沫的丈夫、无言支持的幼子致谢;七年前,我在完成博士后出站报告时再次向倾力支持的父母、相互扶持的丈夫、全心信赖的幼儿致谢;今天,在我第一本专著出版之时,我依然要在此感谢为我倾注了一切的老父老母,感谢在平淡生活与繁忙工作中携手共进的丈夫周兴博士,感谢健康成长起来的小伙子周弋洋同学以及尚未学会说话的周弋森小朋友给予我的最有力支持。正是因为你们——我此生最爱的人们,我的生活才意义非凡,我的存在才如此幸福。

今年天津的盛夏尤为酷热,明媚的阳光一如九年前我离开家乡来到遥远北方求学时的那个夏日。彼时,我满心雀跃,兴奋地走入向往已久的南开大学,开始了我的学术生涯;今天,我已经在这座北方城市成家立业,不再是当年那个懵懂的女孩,却也还未成长为一名成熟的学者。回首这九年来的科研历程,有收获也有遗憾,有成长也有不足,未来还有无数的科研高峰需要努力攀登,还有很大的进步空间需要继续前行。作为我人生的第一本专著,虽然它还有很多的缺憾,但仍然值得铭记。同时,也为书中可能会出现的错漏,敬请读者谅解。

谨以此书,献给我的两个宝贝:周弋洋、周弋森!

王芳

2019 年 7 月 5 日